跟著酒莊主人
品酒趣

從深入酒鄉亞爾薩斯認識葡萄開始，
到選擇最適合自己的一瓶酒

文／瑪琳達&黃素玉

朱雀文化

推薦序

故鄉的葡萄酒，是一輩子的記憶！

法國食品協會東南亞暨台灣區執行長／德博雷

這優雅細長的瓶身是葡萄酒中最迷人的符號，然而瓶中澈亮的金黃液體所散發的花果氣息，獨特唯一——這是來自我童年家鄉的法國亞爾薩斯葡萄酒。我的家族來自這如童話世界般的酒鄉城鎮，有豐富的物產及美麗的景致，然而長年旅居國外的我已離家好久好遠，Melinda書中張張的照片讓我童年時在亞爾薩斯的點點滴滴漸漸浮現於腦海。

我雖未見過Melinda，但她的故事的確是不可思議。也許是亞爾薩斯葡萄酒太醉人，讓一個台灣記者放下一切，到亞爾薩斯當一個在地的釀酒農，將她、Ben及和亞爾薩斯土地奮鬥的一切轉為文字，帶回給台灣的讀者們。書中一頁頁的故事也是當地人的生活寫照，也是我童年深不可滅的記憶。

我很慶幸在法國食品協會的工作，讓我可以為這我故鄉的佳釀宣傳代言，也更高興可以在這裡告訴你：不要錯過Melinda的書，更不要錯過透過她的文字，來認識我的故鄉——亞爾薩斯。

那年夏天，我們都在亞爾薩斯

時報周刊副總編輯／陳睦琳

Melinda是個聞到酒味即醺然欲醉、淺嘗一口即頭痛欲裂的女生。為了愛，她遠走法國、棲身農園，不僅放下記者的身段日日洗手作羹湯，也挽起袖子下田種葡萄、蹲在酒窖裝瓶、到學校學習訓練自己如何在一杯杯的盲飲中喝出不同的年份、風土與美好的葡萄酒滋味。

而Sue，早在十幾二十年前法國紅酒剛被引進台灣時，她因為工作初識葡萄酒，因為採訪喝起葡萄酒，她的味蕾絲毫不輸給任何一個品酒達人，但多年來始終堅持品酒的態度是：心情對了、時間對了、地方對了、尤其人也對了，這葡萄酒喝起來就是最對的。

2000年的夏天，因為一個要到歐洲採訪的旅行計畫，我們三個女生開著租來的車子，從法國的西南往東北行駛，長達一個多月的旅行，讓我們忘不了普羅旺斯的陽光、羅亞爾河的悠悠歲月，以及亞爾薩斯酒鄉微醺的氣味……，結束採訪回到台灣後不禁相約：找個假期再一次結伴，不為工作，只是旅行。

這些年，雖然不乏有結伴出遊的機會，但始終湊不齊原班人馬，十年前的約定猶在耳邊，Melinda已然飄洋過海定居亞爾薩斯兩年多，白天拿著剪刀走進葡萄園剪枝，晚上打開電腦一字一句敲下她用愛釀酒的點滴；而Sue在台北愉悅地呼朋引伴，持續堅持她的品酒哲學與另類感官之旅。這回，她們兩人決意合寫一本關於葡萄酒的書，這一次，說什麼我也不能缺席了。僅以此文重回那年夏天，三個女生橫衝直撞地穿越大半個法國、恣意享受工作和工作以外的美好時光。

品酒
品一個正在寫、正在釀的故事

NOWNEWS 新聞總編輯／蔡慶輝

當妳說妳要飛去很遠很遠的地方，跟著他，我皺了一下眉頭。這姑娘一向愛挑戰，連愛情也不例外。還好有msn、facebook…，讓亞爾薩斯跟台灣沒有距離，而我所等著的妳的那酒香，妳用文字把它更深刻的描繪，要讓台灣的老友們品嘗妳與他的故事。

這故事，在春天初冒嫩芽，夏天開花結果，秋天結實串累，冬天葉落枝枯，熬過寒霜後，再等待來春。

這故事，妳遠離家園去到葡萄園，拋棄友情追求愛情，放掉牽絆再讓他在妳的心上套上枷鎖，讓妳甘願從一個大家閨秀變成葡萄園裡採葡萄的農婦，甘願守著那一株株的葡萄藤，甘願守著那一桶桶的佳釀。一杯酒，可以喝出好多種味道，酸甜或苦澀，果香加上太妃糖的味道，那是理性的生理反應。也可以喝出森林或海洋的空氣，喝出少女或戀人的體香，喝出一見如故的契合，喝出換帖莫逆的年份。那是感性的心理圖像。

妳的故事，在妳跟他釀的酒裡，有一種勇氣，有一種豁然，有一種吸引，有一種苦澀。喝妳跟他釀的酒，有一種雲霧，有一種開闊，有一種魅惑，有一種不捨。我喝妳跟他釀的酒，是在用舌頭聽一個故事。

而妳這書，寫的不是紅酒，寫的是妳用青春去換的酒紅，用愛去釀製的故事。

記者與酒農
用一萬多公里的愛情釀成酒

Domaine BOHN 酒莊主人／Bernard（Ben）

儘管相隔一萬多公里，我和妳之間卻已跨越那些有形的地理、社會和文化藩籬。 儘管如此遠距戀情非比尋常，那股吸引力卻緊緊把妳我栓牢。

就如酒農的雙足深植於他的葡萄園裡，方能開花結果，愛情亦該深耕，於是，Melinda，我親愛的妳，就這麼來到了亞爾薩斯和我一起生活。

這是多大的轉變？還記得妳帶來的行李箱裡裝了各款泡麵、台灣特產，外加筆記電腦、相機和觀光簽證，留在家鄉帶不來的那一大塊，我則盡力盼能為妳填滿。

記者和酒農，可說是劇本或寫書的好題材，於是，妳用筆桿和相機紀錄了下來。 當妳告訴我妳的寫書構想時，我也很高興，不是因為這本書提到了我們或我的酒莊，而是埋首於修剪葡萄藤之餘，妳還能夠從事妳最愛的寫作和攝影工作之中。

自詡為美食家和稍稍涉獵中式菜餚的我，我認為美酒就如美食一般，需要細細品味，方能真正感受葡萄酒的真正精髓。所以我也希望藉由你們這本書，能讓葡萄酒迷們了解，炎熱夏天裡，品嘗一杯清涼、果香味濃郁的白酒，是多麼地愉悅，更為炙熱台灣帶來了一股清新舒爽的氛圍！

最後送給大家一句我們常用的敬酒詞：Sant Bonheur！（祝健康快樂！）

作者序

因為愛，來到酒鄉 歡迎進入葡萄酒世界！

文／瑪琳達

你那邊是台北深夜，我這裡則是亞爾薩斯向晚，你的紅酒正醇，我的白酒方酣，儘管天涯海角，為了這一刻的美好，朋友，讓我們共同舉杯向月對飲吧！

轉眼間，來到法國亞爾薩斯已兩年多，7月盛夏，有著台北初夏的溫暖及炎熱，然而入夜後卻是夜涼如水，看著窗外葡萄園綠意盎然，葡萄已逐漸長大，對於葡萄酒農來說，一年最忙碌的採收季節正要展開，粒粒飽滿、在陽光下晶瑩剔透的葡萄，即將離開母親葡萄藤蔓，榨成汁後匯入大酒桶裡，在黑暗中發酵、接著靜靜地沉睡，數年之後，葡萄蛻變成美酒……

在此先聲明，我不是葡萄酒專家，亦非品酒達人，侍酒師執照還沒見過長甚麼模樣，所以如果你想要藉著我認識那浩瀚的葡萄酒專業知識，或許恐會讓你好生失望，兩年前，要我談葡萄酒，我可能和比只會紅、白兩種顏色之芸芸眾生好一些，那是因為工作關係，陸續去了世界各地採訪有關葡萄酒的報導，如是而已。

酒莊真的都是多金浪漫？

於是乎，葡萄酒代表高尚品味，葡萄園象徵浪漫，酒莊主人則是各個多金悠閒的意象，也隨著大眾傳播深植於許多人腦海中。如今的我，當外界聽到我的身分，給予「哇！在葡萄園酒莊當女主人，一定是超級浪漫的！」之「羨慕驚呼聲」時，我其實是有點洩氣，但，我承認，造成外界對葡萄酒的錯誤印象，我也是始作俑者之一，那昔日無知的我自以為的「妙筆生花」，卻膚淺了葡萄酒的真正意涵。

或許如此，老天給了我一個「自新」的機會，讓我認識了身為酒莊主人的他，進而當起葡萄農婦「下田」種葡萄去，在寒冬酷暑的四季裡，在風吹日曬雨淋雪飄的日子中，才恍然，每瓶葡萄酒背後的故事，交織著滴不盡的汗水和數不清的腰痠背痛，而真正優質的葡萄酒，更是需要許多不足外人道的付出。

不走訪酒鄉，我就住在酒鄉

對大多數人來說，愛上葡萄酒的原因，多脫離不了「酒」本身，而我，卻是因為「人」，因為愛上了酒莊主人，就這麼遠走他鄉來到法國亞爾薩斯，棲身於一座僅有300人的小酒村，一年多來，也從葡萄酒的門外漢，握著一把打開葡萄酒大門之鑰匙，一步步跌跌撞撞地走入了浩瀚的葡萄酒世界。

近兩年的日子裡，我彎下腰，拿起剪刀，在葡萄園裡幫忙，或在酒窖裡裝瓶、貼酒標、說著極不流利的法語賣酒，到葡萄酒學校上課，一杯杯酒的盲飲訓練等等，我不是從各式各樣尊貴高檔的品酒會或一堆印刷精美的專業葡萄酒書籍中，認識葡萄酒，卻是以身體力行，藉由栽種、照顧、剪枝、收成葡萄及釀酒、賣酒的過程中，愛上葡萄酒，因為我深切體會，一瓶葡萄酒的背後是要經過怎樣的天時、地利、人和條件，以及酒莊主人多大的體力、耐力、毅力，和更多的創意及天分，才能將葡萄幻化成一滴滴佳釀，在你我的喉間幻化成舞動的精靈。

用眼耳心去感受

論及葡萄酒專業知識，我自是遠遠不及那些葡萄酒專家，而這本書，也跟坊間那些在我看來深奧難懂，一堆專有名詞的專業葡萄酒書籍不可相比，我們將其定位為葡萄酒入門之書，更是藉由我的親身經歷，帶著讀者首先神遊葡萄酒鄉一番，用眼睛、用耳朵、用心靈去感受。

最後就像芝麻開門一般，你會發現，原來你已置身於葡萄酒的浩瀚天地間。

而我也要衷心的對你說一聲：「歡迎來到葡萄酒的世界！」

作者序

因為工作，結緣葡萄酒
敞開心胸 迎接葡萄酒的美妙

文／黃素玉

雖然，直到這一刻，我才走到葡萄酒世界的大門口，我的葡萄酒捲軸畫才攤開幾吋而已，但就在這方寸之間，卻承載著許多深刻在腦海裡的感官印記：汩汩流出的香氣、流連在味蕾的餘韻、輕觸心靈的碰杯聲、與好友窩在一起的溫暖、欲語還休的某次眼神交流。

每個人都可以為自己的人生下註解，你可以將它視作一幅定格畫、是一首不斷重複的主題曲，有何不可呢？高興就好！只是，人生當中總有些意外驚喜等在那裡，有緣遇見，卻選擇與它們擦肩而過，多少有些可惜罷了。

走進葡萄酒的世界，雖說不是我人生的第一個意外，卻是持續至今的驚喜。

因為工作需要，我不知不覺地以wine為媒介，將感官觸角伸進更多元的領域，接收到更豐富的訊息，了解到自己原來擁有這麼多的可能性。久而久之，我更發現，以wine為主題，我的人生定格畫已延展成一幅有起承轉合情節的捲軸畫，而我的人生主題曲也轉換成一首又一首更貼近當下情境、更觸動心靈的配樂，至今，依然樂音繚繞。

因為葡萄酒，打開人生的另一扇窗

也許人生的風景畫，主題不外乎悲歡離合，教我慶幸的是有酒為伴，讓我在其中領悟到許多事情。

第一課是學習分享：因為大部分的酒從開瓶到「醒」至最佳狀態需要時間，一個人獨自飲完一瓶酒有些勉強、稍嫌孤單，所以最好是有知心好友相陪，慢慢地等、慢慢地喝，其間，也許聊聊心事，也許什麼都不必說，只是全神貫注在每個輕啜、細品的當下，不需要用專業的術語、美麗的辭藻來聯結彼

此的心意，因為同喝一瓶酒的親密，已然是分享的最佳狀態。

第二課是相信自己：因為每個人的味蕾不一樣，別人喜歡的酒、捕捉到的色香味餘韻，你不見得感同身受，此時，你必須相信自己的直覺、有勇氣堅持自己的想法。這話說起來很簡單，然而，在開了一瓶很貴很有名的酒、在專家面前、在所有人都一致叫好或叫壞時，要獨排眾議真的教人為難。當然啦，你也可能因為自己的狀況不好、火候未到而判斷錯誤，但，誠實面對自己喝進去的每一口酒、最真實的感受，絕對是入門的第一步，錯了可以改、功力不夠可以再精進，如果一開始就人云亦云，追隨著你感覺不到的感覺走，最終只會迷失在其間，永遠無法觸及這世界最深刻的那一層面。

第三課是挑戰自我：因為感官是可以被開發的、對許多事物的鑑賞力也是可以被培養的，所以許多人喜歡四處旅行，而我則是把喝葡萄酒當作另一種感官之旅，為的都是用眼耳鼻舌身意去接觸陌生的人事物，在「同中求異、異中求同」的尋覓中發掘出各種可能性，藉此喚醒、挑戰自我在固定模式中逐漸僵化的心靈視野。

老實說，我真的只是葡萄酒世界裡的門外漢，只是採訪了不少人、讀了一堆書、喝了很多年，多少累積了一些心得，如果你有興趣走進Wine的國度，這也許會是你的第一本入門書，因為我和我的朋友Melinda都覺得：走進葡萄酒世界的第一步，絕非誠惶誠恐地背頌一連串艱澀的專業知識，而是用Easy的心態去了解就好；不必非得買上一瓶知名酒廠的高價酒來開葷，而是用Enjoy的心態去品嘗喝進去的每一口酒；不需要做太多事前的功課，只要準備好一顆Open的心，你就拿到一張門票了。

目錄 Contents

推薦序／

作者序／

瑪琳達在亞爾薩斯、素玉在台北，經過亞爾薩斯四季，在葡萄變成佳釀前，由發芽到結果採收的四部曲。

釀酒要技術，喝酒靠知識。如何把佳釀裡的口感、成熟度、氣味芳香，一一用文字　述出來？且看瑪琳達釀酒與黃素玉品酒及閱讀功力，讓葡萄美酒的香醇，一一在我們面前展現！

瑪琳達的品酒課笑話百出，黃素玉的品酒會酒逢知己千杯少，讓我們揭開品酒

Chapter I

亞爾薩斯葡萄園四季VS.台北飲酒樂

你的午後　我的入夜

你在亞爾薩斯

親身經歷葡萄園的春耕夏長秋收冬藏

我在台北

在冷氣強燈光美氣氛佳的聚會裡飲酒作樂

瑪琳達&黃素玉

用友誼釀成一篇篇風花雪月的戀酒絮語

葡萄園的春夏秋冬 風花雪月釀成的酒

╳ 瑪琳達｜亞爾薩斯四季篇

做了大半輩的媒體工作，你知道，我本靠鬻文維生，足堪手無縛雞之力的「東亞病婦」表率，沒想到，來到亞爾薩斯之後，竟「棄文從武」，從「遠庖廚」的君子變成「入得廚房、出得廳堂」的家婦，尤有甚者，更當起「下得葡萄園」的一介農婦（超現實夢幻稱法為「酒莊女主人」），沒法舞文弄墨，改舞鍋弄鏟和揮剪舞刀，於是我褪下短裙，換上牛仔褲，放下LX和Guccx、提上菜籃和葡萄桶，帶來的幾雙高跟鞋鎖在櫃子裡，鎮日足蹬戰鬥靴或雨靴，最常逛的不再是百貨公司或精品店，而是超級市場和農具店…。

這的確是我來亞爾薩斯前所始料未及的，不過既來之，則安之，人生本就是有得有失，我甘之如飴（雖然偶有站在朔風野大的葡萄園中「念天地之悠悠，不禁潸然淚下」之場景發生），且聽我娓娓道來當葡萄酒農婦的親身經驗，更希望藉由我在四季葡萄園的所見所聞，讓你了解，酒農們是需要怎樣的辛苦付出，才能造就出你我喉中美味的佳釀。

四季循環不息

一年四季春夏秋冬，對多數人而言，或許只是感受季節冷暖更迭罷了，然而，對葡萄藤來說，春夏秋冬，卻各有截然不同面貌：春天初冒嫩芽，夏天開花結果，秋天結實纍纍，冬天葉落枝枯，熬過寒霜後，等待來春。從葡萄的變化，我清楚地看見了大自然神奇的力量，也見到了四季鮮明的變化，我更看見酒農們一刻不得閒地工作著，因為他們得配合葡萄四季生長速度，進行施肥、鋤草、犁土、剪枝、採摘等等不同工作，如此一年四季，循環不息。

Spring 春耕

「親愛的S，已是四月底了。我想台北此時早已有了暖意，而這裡，或許因在北方，只覺冬夜漫漫，夜涼如冰，春天腳步總是姍姍來遲，直到上個禮拜，當經過家旁葡萄園時，我不經意地看見了葡萄樹枝上，開始探出了嫩芽，柔弱地望著這個全新世界，而昨天下午，嫩芽已冒出新葉，我從這新生命中，看見了春天。」

我家幼苗初長成

是的，春神來了！不用梅花黃鶯來報到，我在葡萄園裡乍見春意，經過一整個冬季的蟄伏，那從藤枝裡冒出的綠葉，就像是一段完美的開場白，令人期待後續的精彩演出，這綠葉也像破繭而出、欲振翅高飛的蝴蝶，一旦綻開，吸取天地間養分後即快速成長著，每天都有著令人雀躍的變化，一轉眼間，綠意已盎然整座葡萄園。此時，酒農的腳步也得跟著葡萄藤成長速度而加快，此刻葡萄枝葉跟新生寶寶般「特別嬌嫩，最不經風吹雨打及蚜蟲或黴菌侵擾，更要呵護備至。春天雷雨多，為不讓突如其來的暴風雨摧殘之，酒農得先將冬天種下的幼苗一株株用鏤空塑膠板給「包」起來，另外還得把成千上萬的藤蔓一一牢牢地「綁」在支架上，讓風雨折枝的可能性減至最低，降低損害。

夏旅、秋收都取決於葡萄花？

你可曾見過葡萄花？

還記得我和它的初遇，都因為了班。

「來，你仔細看看這枝幹上小小的、白白的是什麼？」

「ㄟ，是剛長出來的嫩葉嗎？看起來顏色比較淺。」

班習慣了我的城市鄉巴佬思考，倒也不以為意：「這是葡萄的花唷！你用力聞一下，可以聞到很淡的香味！」我有些驚訝，因為除了從未想過葡萄藤也有花之外，更沒想到，葡萄花竟是這般白皙精巧、淡雅細緻，雖比不上茉莉和桂花幽香撲鼻，但湊近仔細聞聞，仍能嗅出那一縷淡淡清香，「原來，葡萄花是有香氣的！」

對酒農們來說，葡萄花不是附庸風雅之賞物，每年約莫於6月初左右，班總要隨時察看葡萄花開了沒有，只待花苞綻放後，班就會掐指一算，算什麼呢？原來根據老祖宗們的經驗，花開後約100天通常為採收期，而班也會藉著預估採收期，往前推算哪一段時間有空檔，可以來趟一年一次的夏季旅行（註1），我也才了解，為何我認識他之初曾問他何時可以去旅行時，他的回答是：「等花開了再說！」。

原來，小小一朵白花，卻大大有學問。

優雅細緻的白色葡萄花。

栽種葡萄新思維

接著想和你談有關耕作及農藥議題，這也是比較引起爭議的一環。我在亞爾薩斯看到不少酒農採用傳統耕作及施肥法，由於葡萄藤特別嬌嫩，他們也會噴灑農藥及化學肥料，以確保「病蟲不侵」、「百病不生」，讓葡萄可以長得「頭好壯壯」；除此，他們也習慣犁田整地，使用除草劑去除雜草，避免雜草喧賓奪主，吸取過多土壤養分，於是乎，葡萄園地面光禿禿一片、寸草不生，就連葡萄葉及葡萄也因農藥噴灑，仿若覆蓋了白雪，蟲害看似盡除了，然而，這些農藥噴灑下的葡萄所釀成的酒，讓人不敢恭維，班就這麼說：「噴這麼多農藥的葡萄，主人自己都不敢吃了，何況釀成酒賣給他人？」

尊重自然生態

的確，大自然自有其章法，這種看似整理得「乾乾淨淨」的葡萄園，其實不僅威脅了葡萄園裡的自然生態，破壞了大自然的和諧，所產的葡萄酒品質也有待商榷，於是，近年來，「自然動力」及「有機」意識漸漸抬頭（註2），讓人們重新思考人類與大自然的關係，不再是用激進手法，一味破壞之。我認識的班雖然不標榜自然動力或有機栽培，但他總是說：「我是以尊重大自然的態度來種植葡萄。」

班喜歡任由園內各式各樣的野花野草自然生長。

為了讓葡萄園維持原有的自然生態，班花了很多心力來降低干擾土壤的因素，除了將機械操作的可能性減至最低，在幼苗初長成時期，使用天然鳥糞來取代化學肥料（我記得那嗆鼻味道，在他身上足足兩天散不去），在連續兩個月、每隔兩週的農藥噴灑期，也會遵循安全用藥的規範，使用最少的劑量，並且在採收前約兩個月即停止噴灑。（這真是沒辦法之「惡」！畢竟天底下哪座葡萄園不長蟲？再加上蟲的繁殖力又超強，長得太多了，又怎麼可能不影響葡萄的生長？）

不過，在班的葡萄園是絕對不准犁田整地的，他不愛使用除草劑，而是任由園內各式各樣的野花野草自然生長（我們常在春天時，在園裡摘「草」來當沙拉吃，既新鮮又好吃），一來不讓不好的東西殘留在土壤裡；二來維持自然生態的「平衡」，因為每當雨水過多時，花草們可以吸收土壤中過多水分，藉此控制藤蔓及葡萄生長的速度，不讓葡萄「虛胖」，只長水分沒長甜份，還可以有效避免雨水沖刷土壤造成「土石流」危機，破壞整座葡萄園；三來也為了讓花草香氣融入藤蔓之中，班就常說：「多虧了這些花草的存在，讓土壤裡注入更多氧氣，活化了裡面各種微生物。」

「葡萄藤蔓能夠吸收環繞四周的大自然能量及元素，長得更好更強壯，足以靠自己的力量抵禦外界各種侵害。」這是班所深信不疑的信念。

晶瑩剔透的葡萄象徵豐收季的到來。

Summer 夏長

「親愛的S，夏至將至，晝漸長夜愈短，總要等到10點之後，夕陽才不捨離去，我還記得來法國之前，一位友人曾送了我一套日本古早偶像劇DVD『亞爾薩斯的晴空下』，看起來讓人心神嚮往之，的確，亞爾薩斯夏日的藍天白雲，鳥語花香，大大滿足了我那貪婪的感官和相機，然而置身於此，才知箇中心酸，因為烈日當空下，得在毫無遮蔭的葡萄園裡中工作，日頭赤焰焰，只能把自己包得像似澎湖阿婆，簡直就像在洗三溫暖，啊！有時候我真恨亞爾薩斯的蔚藍晴天！」

為了去蕪存菁剪葡萄串

夏天到了！天氣愈來愈熱，白晝愈來愈長，就像被施了魔法的愛麗絲般，那昨日還稚嫩的葡萄園，一夜之間轉大人，進入「青春期」，不斷抽高著。在我看來，照顧葡萄園，簡直跟養成一位名門閨秀一樣嚴謹，由於葡萄藤太過嬌嫩，不但從小就要細心呵護，不讓風吹雨打，並要端正儀容，使其循規蹈矩，不傾不斜，更要在葡萄長大前「去蕪存菁」。為了講求品質，一些酒農會把枝微末節、養分較難到達的「先天不足，後天失調」之葡萄串剪掉，只保留靠近樹幹附近的精華葡萄串，雖然量少了約一半，但如此「犧牲小我、完成大我」的做法，卻能讓留下的葡萄吸取較多養分。

為了陽光雨水剪枝拔葉

而當葡萄初長成，女大十八變時，眼看初熟果實鮮嫩欲滴，固令人欣喜，然而，為防止樹幹越長越高（和其他葡萄產區相較，亞爾薩斯葡萄藤品種較為高大，通常高約2公尺以上），樹葉越來越茂盛（若頂端樹葉長得太密，不但會阻礙陽光往下照射，還會搶走水分，讓幾乎全數集中於中尾段的葡萄得不到充分的陽光和雨水，造成葡萄營養不均衡），讓它們頭重腳輕、橫生枝節，不但需要剪掉樹冠頂端過高過多的枝幹，甚至動輒腰斬它們，還得將其「上下其手」，全部用繩子給綑綁固定起來，到了採收前兩個禮拜，更需拔掉葡萄串附近的部分樹葉，使其充分受到陽光照射。

「為了限制產量、控制品質，我總是把葡萄枝幹剪得很短，另外，我還要花許多心力摘掉一些葡萄葉，讓每一顆葡萄都能充分享受到溫暖陽光的滋潤，收成時，我更是用雙手摘選一串串葡萄，不這麼做，怎麼會長出我要的好葡萄呢？」於是乎，剪了修、修了再剪，成為班夏天的重要工作之一，他對品質的執著我很能體會，儘管，我總愛戲稱他為「剪刀手班」…。

葡萄園的鳥豬人大戰

而當9月初採收前，甫成熟葡萄那珠圓玉潤、甜美可人的姿態，最容易遭外界「登徒子」覬覦，這些「好吃之徒」即為鳥與野豬！每次跟著班到葡萄園巡視時，總會看到一些葡萄消失無蹤，空留葡萄梗，再看到地上被挖了幾個坑洞，班就會搖頭地說：「啊！那些鳥跟野豬又趁暗夜跑來偷吃葡萄了！」

尤其靠近森林旁的葡萄園，最容易被來自森林中的鳥及野豬侵襲，鳥愛吃果實、豬愛吃松露，倒不是新鮮事，只是這些野豬竟也是「葡萄美食家」，倒出乎我意料之外。

葡萄園工作繁重，無論老少「人人有責」幫忙。

「當然！豬既貪吃鼻子又靈敏，怎會輕易放過甜美的葡萄？（註3）」班無奈地說。

「那該怎麼辦？總不能看著它們跑來把葡萄吃光光吧！」我著急了起來。

幸好一山還有一山高，為了防止偷兒們，首先用網子將最靠近森林的幾排葡萄藤蔓全部層層網住，據說鳥兒便無從鑽入其中「飽餐一頓」，至於野豬呢？班曾經試過帶著獵槍，晚上到森林裡「守株待豬」，想若真能抓到一頭野豬，不但可防葡萄被偷吃，又能來上一頓烤野味，不愧「一石二鳥」之計，只可惜他並非獵豬高手，沒能抓到一頭野豬過，後來他乾脆到理髮廳裡跟店家要了一大袋客人修剪下的「頭髮」，然後灑在葡萄園附近，「把頭髮灑在地上可以防止野豬偷吃葡萄？」這又引起我這城市鄉巴佬的好奇心了，「是呀！因為野豬怕人，這些頭髮有人的味道，野豬就不敢靠近了。」班解釋給我聽。

Autumn 秋收

「親愛的S，當美好假期結束，葡萄採收時節隨之展開，秋天，這個象徵著豐收的季節，總瀰漫著忙碌卻又雀躍的氛圍，那一簍又一簍滿滿的葡萄，有著最飽滿甜美的汁液，讓人忍不住邊摘邊把整串葡萄往嘴裡送！而昨夜之雨竟成今日之秋，你知道嗎？今天摘葡萄時，當我抬頭俯瞰眼前景致，乍見滿山遍谷的斑斕，我竟愣呆了好幾分鐘，此美景竟無法以言語形容，故隨手拍了幾張照片，盼與你分享，這亞爾薩斯秋天的顏色。」

採收大隊就定位

採收季節到了！一年之中最忙碌卻最充實的季節終於到了，每年約9月中旬左右，在亞爾薩斯葡萄園區最常見的景象就是：一個個採收工人拿著剪刀埋首於結實纍纍的成串葡萄間、一桶桶裝滿了葡萄的採收籃置身於葡萄藤蔓下、一輛輛採收車及採收機器車川流不息於道路上（農具車最高速限25公里，每當採收季時，路上常常可見一台「緩緩」前進的農具車後面跟著一堆轎車，宛若母鴨帶小鴨的奇景，卻沒人敢按喇叭！）。

每當採收工作開始前，班得先為找採收工人而忙碌，找人可不是件易事，通常都是從家人跟固定班底找起，所謂「固定班底」，不乏從他老爸那一輩即加入、已經有30多年採收經驗者，這些退休員警、司機等早已成為班的好友，雖然都已過60耳順之年，不過體力依舊旺盛，而且經驗老道、勤快認真，可說是採收期間的最得力助手。其他採收工人還包括村裡的家庭主婦、待業青壯年或打工的學生等，夯不啷噹加起來約12人左右的採收大隊，一早8點就得準時出發，直到傍晚6點左右才收工。

根據法國勞基法的最低薪資規定，採收工人時薪為8.75歐元，換算成台幣將近 400元，一天若8個小時下來可拿到3千元左右，和當地物價相較起來，雖不算多，卻不失為賺外快的好機會，而法國人生性開朗幽默，總愛邊採葡萄邊聊天、講笑話，甚而唱起歌來，讓原本辛苦的採收工作變得有趣多了！

眼明手快的功力

「談笑採收」聽起來好像很輕鬆，又或受到電影《漫步在雲端》中女主角赤腳在大木桶裡踩葡萄榨汁，周遭人們快樂地手舞足蹈的畫面所影響，讓不少人誤以為採收葡萄是件很浪漫的事情，甚至還有朋友問我：「你是不是也用腳踩葡萄？」當我將同問題轉問班時，他用著異樣眼光看著我：「當然沒有！你朋友是不是電影看多了？還是還活在上個世紀？」

對酒農來說，一年的辛苦耕作，直到採收時才有豐厚回報，儘管箇中辛苦不言可喻，然而卻是愉悅且甘之如飴的。當然，採收葡萄談不上風花雪月，只能說是體力與耐力的絕大考驗，採葡萄本身是不難，反正一手拿著剪刀朝枝與梗交接處剪去，一手捧著葡萄，喀嚓一聲，一大串葡萄就這麼剪了下來，如此動作，我說3歲小孩都會，不過剪葡萄時不僅要「手快」，更得「眼明」。怎麼說呢？由於葡萄葉既大又茂密，許多葡萄串藏身其間，尤其綠葡萄顏色和樹葉相若，採收時難免會有遺珠沒剪到，因此，需要睜大眼睛別漏剪了；另外，還得小心別剪到手指。葡萄沒剪成倒剪了手指之「慘案」時有所聞，對採收工人來說早習以為常，因此採收車上總是必備急救箱，我就曾一時大意將剪刀口往手指喀擦剪下，當場血流如注；再來，要學會辨認葡萄品質好壞，太青澀未成熟者則汰之，這倒簡單，對新手來說，最困難的就是辨別發黴葡萄是壞菌抑或好菌？這一好一壞之間外觀乍看類似，都是鋪上灰灰的一層，不過品質卻是

對酒農來說，一年的辛苦耕作，直到採收時才有豐厚回報。

天差地別。長了壞黴的葡萄，顏色偏橘，聞起來有嗆鼻腐爛味，至於長了貴腐黴（註4）的葡萄，顏色則成深紫色，外觀及口感皆宛若葡萄乾，甜度也高得驚人，以此釀造的貴腐酒更是酒中珍品。

為了在採收時能完全做到「去蕪存菁」，個性向來「溫良恭儉讓」的班變得相當嚴苛，一點都不能妥協，每當他看到採收籃裡混雜著品質不佳的葡萄時，都會挑出來「質問」誰剪的？當有人出來「自首」時，他會毫不留情地說：「如果連看都不看，不管好的爛的就剪下來丟在籃子裡，那我幹嘛花這麼多人力和精神找人來剪？乾脆用機器採收不就好了！」

翻滾吧！葡萄串

由於亞爾薩斯位在法國酒產區最北方，為了吸收更多日照，這裡不少葡萄園建於山坡之上，不乏坡度陡峭至50度者，此時，正是雙腳及關節的最大考驗。向上走，往往走個幾步就氣喘吁吁，往下走更驚險，得不時攀緣著兩旁的葡萄藤架橫著走，否則一不小心一個踉蹌恐失足摔倒，甚或像皮球般滾了下去，像採收籃重心不穩翻了過來，於是乎，「翻滾吧！葡萄串」的場景時有所見，有了數次驚險經驗的我，在陡坡處採葡萄時，總會先將馬步紮好，底盤固穩，如履薄冰似的小心翼翼，一步步往上爬、往下踩，免得出現一路滑下去的糗態。

另外，相較於波爾多等產區的葡萄藤長得較為矮小，亞爾薩斯的葡萄藤雖然高大，葡萄串卻多生長於中低處，因此不時得半蹲甚或跪下來剪葡萄，沒錯，用「求婚跪姿」剪葡萄，主要是為了保護龍骨，否則一天下來，若總是彎著腰，恐致腰痠背痛難當，甚或傷及龍骨，那可因小失大了。

看老天爺賞飯吃

除了要和坡度與高度抗衡，採收時更要隨時看老天爺臉色，9、10月正值

夏秋之交，天候詭譎多變，東山飄雨西山晴之景不足奇，朝穿皮襖午穿紗也成家常便飯，縱然艷陽高照、汗如雨下也能夠忍受，防曬工作做足就好了。但對採收者而言，最艱鉅考驗莫過於下雨天。在雨中，得穿起厚重的全套雨衣及足足有一公斤多重的雨鞋，已是舉步維艱，還要在泥濘不堪的園裡上上下下、左右穿梭，簡直是不能承受之重，再加上邊剪葡萄，還得隨時記得倒掉採收籃裡的水，工作難度和繁瑣度都直線上升。

雨天真是酒農的天敵，一則葡萄因吸收過多水分，瞬間降低了甜度，有時會降了個2、3度以上，加上採收葡萄時難免摻雜雨水，兩者都會降低葡萄品質，自然也會影響到日後釀酒的品質。

然而，讓班最頭大的不僅於此，是雨下大了，不知何時雨停，採收工作是該停工還是不停工？不停工，採收的葡萄品質不好，停工，則影響所有採收工人的工作權。還記得有一次，雖然前晚已查過了天氣預報，天氣還算好，然而隔天一大早，天竟不從人願，下起了不小的雨，儘管所有工人一早都準時集合了，大家卻只能等待，看天公是否會作美，然而只見雨勢卻愈趨磅礡，看情形是不可能停了，此時，班也只好狠心地宣布取消採收，請大夥兒打道回府，明天再來囉！

咱家的採收大隊各個身手不凡。

Winter 冬藏

「親愛的S，當我低頭寫信給你時，今年冬天的初雪竟至，看著窗外緩緩飄落的雪，悄悄地，靜靜地飛越了天地，染白了整座葡萄園，這讓我想起以往我們總愛相約去吃麻辣鍋，在寒冬時吃著暖呼呼的火鍋，真是快活！又是歲末之際，聖誕節將至，正是葡萄酒銷售旺季，而一年所有的辛苦付出，在此刻得到了回報，看著來到我家酒窖品酒、買酒的客人，臉上那滿足的笑意，我知道，那酒農辛苦釀成的葡萄酒，經過了一段漫長的旅程，現已來到最完美的終點站……。」

嚴峻的冬日工作

冬天，這是一段最會被人誤解的季節，連同之前的我在內，常有人問我：「冬天反正葉子也枯了掉光了，葡萄藤蔓也不會長了，應該是最悠閒的時候吧？」

是呀！之前我也是這麼認為，去年冬天來臨前，我還天真地想著：「啊！他一年到尾忙得沒日沒夜，現在冬天到了，葡萄園裡光禿禿一片，不到5點就天黑了，應該沒什麼好忙的，他可總算有較多時間陪我了吧！」

當然，事後證實我的想法過於天真爛漫，因為，冬天，對亞爾薩斯葡萄農

冬天，對亞爾薩斯葡萄農來說，其實是最嚴峻的時期。

來說，其實是最嚴峻的時期。在晝短夜長的嚴冬裡，不像多數人待在暖氣房裡坐著工作，葡萄農得在冷風刺骨、霜雪凍膚的零度（有時甚至到零下10度）中，踏雪而出，站在葡萄園裡工作，而且一待就是數個小時。

冬天的葡萄園，到底要做些什麼呢？其實就是「收尾」、「剪枝」及「修枝」等去蕪存菁的工作。

所謂收尾，即是把春夏季綁在葡萄樹上藉以固定的繩索，一排排拆下來，這還算是小工程，真正大工程則是剪枝，因為經過了一年的生長，葡萄藤枝條蔓生，所以等到初冬、枯葉全數落盡之後，葡萄農就得憑自己的經驗及敏銳判斷，在每棵葡萄藤中選擇留下兩根體質最好的樹枝作為「種枝」，以待明年來春開花結果之用，其餘的枝幹則需全數或鋸或剪掉。接下來則是修枝，盡量將「種枝」的枝微末節修剪乾淨，並將枝幹剪短成斜切口，露出綠色枝心，讓葡萄藤即使在冬眠時，還得以充分吸取陽光養分，來年才可能「枯木逢春」重新生長。

冰天雪地裡剪枝

請你想想以下的畫面：在蕭瑟的寒風裡，白雪飄了下來，在一片銀白之中，只見一個穿著厚重裝備的人，穿梭於葡萄園間（到此為止，感覺很浪漫吧？）接下來，再仔細一看，你就會瞧見他手中或拿著電鋸，或拿著電剪，不斷地鋸砍著葡萄藤蔓，而雙手早已凍得沒有了知覺！

所以，只要到了冬天，不論中午或傍晚，走進家門的班往往都是凍紅了鼻子及雙手雙腳，總是要站在壁爐前面烤火許久，才能全身回暖。我曾經跟著他到園裡幫忙（當然僅限於「雪霽天晴朗」的風和日麗之時），做一些簡單的工作，所以更能體會箇中艱苦滋味，想想，這需要多大毅力，才能離開溫暖的室內起身前往寒風刺骨的葡萄園裡工作？

酒的三度空間

「鋤禾日當午，汗滴禾下土。誰知盤中飧，粒粒皆辛苦。」

「剪枝風雪吹，寒意刺心椎。誰知瓶中釀，滴滴皆珍貴。」

前者是唐朝詩人李紳有感於農夫之辛苦而作，後人總愛拿此詩來教育兒孫輩，瞧農夫種田多麼辛苦，每粒米都彌足珍貴，所以千萬不要暴殄天物。如今，這首詩對我而言，更是心有戚戚焉，因此隨手將該詩改成了後者，盼與遠方手中正拿著酒杯的你分享之。

看完我的葡萄園四季，你應該了解為什麼我說葡萄酒是天地佳釀、難得而珍貴，我更希望你能明白，很多人會將葡萄酒作為澆愁之用，甚或很阿莎力的乾杯，一飲而盡，這讓我相當不以為然，我認為，葡萄酒唯有於快樂之時，和或親朋好友共同分享的時候，才能細細品味出它的色香味，你也會發現，它不單只是酒精而已，更蘊含了驚人的溫度、深度及廣度。

酒的三大元素

的確，葡萄酒是有溫度、深度及廣度的，我這裡所指非其背後那兩千多年，從羅馬時代說起的長篇大論歷史，而是就我個人的親身經歷來說：以前，我和你和其他多數人一樣，總是從開瓶後才開始認識喝下肚的這瓶酒，然而現在，我對葡萄酒的認識卻是從一株幼苗被埋於土中開始。你知道嗎？我看見深植於土中的幼苗是如何慢慢將鬚根延展，吸取土壤中養分，然後漸漸長大，接著吐嫩芽；我還看見相同品種的葡萄在不同的土壤及岩石上生長，最終結出的果實卻大相逕庭；我更看見一年四季天候是如何變化，才會讓葡萄有佳釀及歉收年份之分，也讓葡萄擁有了獨一無二的風土條件（註5）。

天候與土壤，天與地，正是大自然不可測之巨大力量。

而若說，天候給了葡萄酒溫度，土壤給了葡萄酒廣度，那麼，我要說，人，則賦予了葡萄酒深度，天地給了葡萄酒血肉，而人則給予了葡萄酒靈魂，為什麼我會這麼說？我將在下一章節說明。

天地人正是釀酒不可或缺的三大元素。

瑪琳達的葡萄園筆記本

註1 亞爾薩斯農婦碎碎念

夏季驕陽炙熱，工作固然辛苦，不過這也是班一年之中唯一能夠忙裡偷閒的時候，因為8月初到月中這段時間，所有葡萄園照顧工作差不多告一段落，只等9月初採收前的一些準備瑣事，此刻酒農們也得以稍稍喘口氣，休息一番，我們也利用機會出國度長假，這一點，葡萄酒農可要比牧農們幸運。

為什麼我會這麼說？

班曾說，他還記得小時候，當時所有酒農家中都會養牲畜來耕田，幸好他爸爸先知灼見，是村裡最早把家中牛隻賣掉的一戶，改用機器，所以父母偶而還會帶他和姐姐出遊，不過，他的鄰居好友可就沒這麼幸運了，因為這男孩家中養著一頭牛和一隻馬，葡萄園還可以放個幾天不管，動物天天都要吃喝拉撒的，總不能放著自生自滅吧？因此，被這些阿牛阿馬綁住的人家，根本不可能出遠門，好友的童年當然也就從未外出旅遊。

我想，這個男孩長大後應還有著難以抹滅的童年陰影吧！

葡萄園的每一角落對我來說都是美景。

註2 自然動力法（Biodynamic）vs.有機栽培法（Organic）

環保意識抬頭，就和其他各行各業一樣，愈來愈多的葡萄酒農在耕種及釀酒方面，捨棄化學農藥及肥料，同時以人力代替機器，逐漸回歸自然，進而發展出兩大派別，一是自然動力法，另一個則是有機法（法文稱之為「Bio」）。

自然動力法，就是根據日月星辰之運轉來栽種葡萄，藉此來吸取日月之精華。該理論首先由一位奧地利Roudlf Steiner所創建，他相信天體運行深深影響地上植物的成長，後來德國的Maira Thunn則依據該理論發展出一套月亮栽種曆法，除了規範酒農必須在特定的時間剪枝、犁土、施肥之外，連肥料也大有學問（將花草及牛糞裝入牛角內、再埋入土中，經過一段時間發酵轉化、成為天然肥料，再兌水使用，據說具有相當神奇功效），這些聽起來有些「江湖術士」之說，卻逐漸受到不少知名酒莊採用。

在「有機」栽培法當道的今日，法國「有機葡萄酒」（Bio Vin）也逐漸興盛起來，根據統計，近年來有機酒成長了近25%。能掛上這個名號，必須通過層層把關的有機認證，包括：在栽種過程中，絕對不能噴灑任何化學農藥及肥料；在採收時，也必須全部採用人工收成；至於在釀造方面，必須以葡萄皮本身所含的酵母來發酵，絕不能添加人工酵母。另外，雖然不少有機酒標示「不含二氧化硫」，但因二氧化硫為天然防腐之用，只能說有機葡萄酒含有最少量的二氧化硫，但也因此，有機酒比較不能陳放，通常放個3、4年就比較容易變質，而開瓶後最好立即喝完，否則很容易氧化。

註3 釀酒用葡萄好吃嗎？

「釀酒用的葡萄不好吃！」

這句話對不少初學葡萄酒者好像成了金科玉律。

印象中，大家總認為釀酒用的葡萄較小、較酸澀，沒食用葡萄來得甜美多汁，之前的我也不例外，所以當班第一次在葡萄園隨手摘了熟成葡萄要我嘗嘗時，我還猶豫了一下問：「這會好吃嗎？」只見他睜大眼睛，對我的「大哉問」顯露出一副不可思議的表情：「你開玩笑？這可是世上最好吃的葡萄！」

想他只不過是老王賣瓜自賣自誇，但為了怕他笑我城市鄉巴佬，我將就地接過來吃，沒想到，從那一刻起，我對釀酒葡萄完全改觀！那葡萄不但多汁甜美，而且香氣襲人，口感豐富，原來釀酒用葡萄本來甜度就得高，才能將糖分轉化為酒精，所以採收時往往已達13度以上，至於晚收酒（Late Harvest Wine）、冰酒（Ice Wine）的甜度有時甚至高達20度。

至今，我嘗過亞爾薩斯所有的葡萄品種，其中古烏茲塔明娜（Gewürztraminer）的果粒不小，加上有荔枝般清甜味，教人印象深刻，但最令人驚艷的莫過於慕斯卡（Muscat），它的果粒更為渾圓碩大，皮薄多汁，一口咬下去，那飽滿汁液溢了出來，在嘴裡四處流竄，剎時，玫瑰般的清甜幽香充塞於鼻喉之間，餘韻久久不散。我個人認為，慕斯卡葡萄要比台灣巨峰葡萄更勝一籌，可惜的是，慕斯卡葡萄直接拿來吃堪為人間美味，不過釀成酒後，香氣雖然依舊襲人，口感卻較DRY，反倒不如果實醇厚，因此，慕斯卡酒一直難列為明星級葡萄酒，也正因如此。

釀酒用葡萄多汁味美，也成為採收工人的最佳「三餐飯後甜點」，無論是嘴饞了、口渴了或者想嘗鮮，大夥兒隨手摘起葡萄就往嘴裡送，難怪在如此耗費體力的採收日子裡，班竟然沒瘦反增胖了一兩公斤，「誰叫我採收時，吃了太多超級甜的葡萄呀！」

釀酒用葡萄多汁味美，成為最佳「三餐飯後甜點」。

註4 甜白酒種類

＊何謂貴腐酒（Noble Rot）？

脆弱的葡萄最怕病蟲及黴菌來襲，不過黴菌有好有壞，比如貴腐黴(Botrytis Cinerea) 般的好菌，其黴絲會穿透外皮進入葡萄中蒸發水分，不但會讓葡萄逐漸萎縮成葡萄乾，顏色從淡綠色變成紫紅色，還會讓葡萄產生特有的香甜風味，糖分也因此更為集中，甜度甚或高達20度以上，用這種葡萄來釀酒，所需發酵的時間比較長，相對的，能夠陳放的時間也較久，通常放個幾十年都沒問題，有些酒甚至要30年才能完全展現風味。

不過，想要讓貴腐葡萄腐而不爛，全得要靠老天爺賞臉，那就是秋天時，每天清早需有晨霧來「滋潤」黴菌、使之生長，午後則得要靠陽光照耀來「曬乾」葡萄，因為過於潮濕會讓貴腐菌變成灰黴菌，讓葡萄爛掉，只是，這樣的秋天天候並不多見，也非年年可期，班就說，雖然貴腐葡萄可能年年有，但要出現量多到足以釀製貴腐酒的機率，有時要等三年才有一次。貴腐葡萄酒主要產於奧德法三國的白酒產區，法國波爾多區蘇玳（Sauternes）最為聞名遐邇，其中又以伊肯酒堡（Château d'Yquem）執其牛耳，亞爾薩斯也是貴腐酒的重要產區之一，貴腐葡萄產量比一般葡萄少，取其精華所造就出來的上乘佳釀，儘管價錢不斐，卻還是有葡萄酒愛好者不辭砸重金購買。

一般來說，貴腐葡萄可釀製出兩種不同等級的甜白酒，其一為遲摘酒，其二為是逐粒精選酒。

＊遲摘酒（又稱為晚收酒，Late Harvest Wine，法文為Vendanges Tarvides）

遲摘意指採收時期較晚，葡萄因受更多陽光洗禮，甜份大增；基本上，酒農每年會挑選部分葡萄品種（在亞爾薩斯，主要為莉絲琳、灰皮諾及古烏茲塔明娜）作為釀造遲摘酒之用。遲摘葡萄（包含貴腐及一般葡萄）通常比正常收成時間遲約1個月左右，多集中在10月底至11月中之間，這時天候及外界環境更加嚴峻，有時甚至會降到零度左右，而葡萄待在樹枝上的時間越長，被風吹雨打、鳥豬偷吃及瓜熟蒂落的風險也就越高，相形之下愈顯珍貴。

蕭瑟秋風中採收葡萄雖辛苦，然而多了約一個月的陽光照射，加上日暖夜寒，葡萄雖因水分逐漸流失萎縮，甜度卻增加不少，幾乎可到15度以上（一般採收葡萄甜度約在9～13之間），加上遲摘酒中多少含有貴腐葡萄成份，因此釀出來的酒甜而不膩，最適合搭配甜點享用。

＊逐粒精選貴腐酒（Sélection de Grains Nobles）

「逐粒精選」，意即從一串串葡萄中逐一精挑細選出一粒粒的貴腐葡萄，這百分百由貴腐葡萄釀製的逐粒精選酒比遲摘酒來得更加稀有珍貴，除了並非每年都能有量多質精的貴腐葡萄外，採收過程也格外複雜，需每兩到三周採收一次，只挑選熟成完美的貴腐葡萄，如此反覆約三次，當然如此專業工作，也非得酒農本身及經驗老道的採收工人才能擔任，所釀的酒每瓶雖僅有50cl (500毫升) ，價格卻是一般酒的5倍以上。班告訴我，他的「逐粒精選貴腐酒」主要為灰皮諾或古烏茲塔明娜葡萄，其閃耀著宛若琥珀般的金黃色，在鼻間嗅聞則有著荔枝、堅果、葡萄乾和無花果的香氣，很適合與鴨肝、軟起司和水果派一起享用，其中灰皮諾還獲得了世界金牌獎。

貴腐葡萄產量比一般葡萄少，卻是取其最精華處。

＊冰酒（Ice Wine）

冰酒（德文為Eiswein），相對於遲摘酒來說，採收期更要晚些，望文生義，即是以冰凍葡萄釀製之酒。冰酒乃18世紀時，德國農夫無心插柳所致，當時突來一場秋雪，一夜之間，所有尚未採收的葡萄瞬間結凍，農夫們捨不得把凍葡萄丟掉，只好趁其半凍狀態時趕緊榨汁釀酒，沒想到，這半凍葡萄中的水分凍結了，但糖份已融化，所榨出來的成了葡萄濃縮汁，釀製出來的葡萄酒宛若蜜般甘甜，令人為之驚艷，從此以後，德國許多葡萄園的酒農，都會在每年下起初雪當晚，冒雪採收莉絲琳葡萄，並全程在零度以下環境中釀製冰酒。

除了德國，其他高緯度產酒國家如奧地利及加拿大，也都有不錯的冰酒，由於物以稀為貴，冰酒多採37.5或50毫升瓶裝，有別於一般75毫升瓶裝的葡萄酒，而瓶身多半修長優雅細緻，藉以凸顯冰酒的高貴氣質，當然，其售價也和其高貴氣質成正比。

冰酒多採375或500毫升瓶裝，較一般酒的瓶身纖細。

註5 Terroir（風土條件）

「靠天吃飯」也是葡萄酒農所需遵守的大自然定律之一，這在葡萄酒上特別明顯，也因此，年份及地質也成為該葡萄酒優劣及特色的指標，這可以從法文「Terroir」一字中充分顯現出。

Terroir，是認識法國葡萄酒不可不知的最重要字彙，這個法國人發明的字彙，找不到英文翻譯，而中文通譯為「風土條件」，也很難一言以蔽之，因為Terroir一字涵蓋了太多層面，它包含了天候、土壤、葡萄品種等各種元素，不同葡萄品種生長於不同地質、土壤或地形上，承受著不同的天候變化，最後產生了風格各異的葡萄。舉例來說，亞爾薩斯白酒之王莉絲琳（Reisling），因較其他葡萄品種耐寒，所以適合生長於法國葡萄產區最北的亞爾薩斯，它不但喜歡生長在陡峭山坡上，更喜歡依附在古老頁岩之上，吸取日月之精華，熟成後的莉絲琳則會帶有清新果香及礦石味，這就是莉絲琳的Terroir特色。

不過，除了天與地之外，Terroir還有一項更重要的因素，卻常常被忽略，那就是「人」，這倒與中國常言之「天地人」概念不謀而合，人為因素，其實在葡萄酒中佔有極大影響力，這也是我來到亞爾薩斯後，感受最深的一環。

與酒相戀的四季 驀然回首的飲酒經

╳黃素玉｜台北飲酒篇

我一直知道你的腦袋裡長著務實的藤蔓，你的血液中卻開著浪漫的花朵，兩者常常在交戰，無論纏鬥多久，不管誰勝誰負，最終你一定都會做出決定並將它化為行動，而我一方面勸你不要衝得太快，一方面又很佩服你追求夢想的勇氣，尤其這一次，你竟是把自己從台灣連根拔起，把未來栽植在如此遙遠的國度，竟是像變了一個人一樣，從五穀不分四體不勤、只會美美拿著酒杯、喝兩口酒就掛了的城市嬌嬌女，變成了在廚房擀麵烤派、在園裡鋤草剪技、滿口葡萄經的主婦兼農婦，哈，真教人耳目一新，真得要為你熱烈鼓掌，加油吧，我的朋友！

每次聽你說起做為一個葡萄園農婦的辛苦，那一個晚上，當我在冷氣強燈光美氣氛佳的葡萄酒聚會時，總是會刻意地手執酒杯輕晃，然後對著光，仔細觀看醇厚的酒液順著杯沿緩緩流淌下來所形成的「眼淚」（註1），總是在想這名稱取得真是傳神啊，不知裡面是否也有你的眼淚？然後，我會想起你說的：「葡萄酒唯有於快樂之時，和愛人或親朋好友共同分享的時候，才能細細品味出它的色香味。這句話，我覺得很對，卻不是絕對。」

誠如你說的：「葡萄酒不單只是酒精而已，更蘊含了驚人的溫度、深度及廣度。」，然而，想要能夠掌握並體會wine三度空間的奧妙，可是需要持續地喝、不斷地精進學習的，至少我的飲酒心得就歷經了好幾個四季、好幾番心境轉折。

01、02有不少酒坊專賣店以進口美國酒而聞名。 03法國慕桐堡的酒是著名的明星產品。

Spring 春日初識

「親愛的M，四月底的台灣基本上就是『春天後母面』，昨天正午的太陽烤得人滿頭大汗，半夜來了一陣雨，氣溫就直直落，早上起床，瞥一眼窗外冷冷的濛濛的景致，還以為是冬日清晨呢！直到發現小葉欖仁樹原本的枯枝上早已是綠油油一片，這才驚覺春天早已到訪許久了。想想，生命中許多機緣也是，早見端倪，卻渾然不察，比如剛接觸葡萄酒時，怎樣都沒想到日後會和它糾纏這麼多年！」

Wine在意識裡萌芽

還記得1987年台灣首次開放葡萄酒進口，那段時間正是所謂「台灣錢淹腳目」的經濟起飛期，也是葡萄酒第一個黃金十年的開始（1987至1997年）。因為工作所需，我有不少機會出席各種記者會。在這樣的場合裡，各種美食一道道地送上桌、各式葡萄酒一瓶瓶地開一杯杯地倒，大家吃著喝著，總會出現一兩位葡萄酒意見領袖，開始晃杯、聞香、漱口，再頭頭是道地評論起剛嚥下的那一口酒，他們看到的色澤、聞出來的香氣、品出來的味道，大多時候，我只能領略一二，他們用的文字，比如「酒體結構完整、餘味清晰持久」，每一個字我都聽得懂，但連在一起卻教人一頭霧水。

不服輸的我開始努力地學品酒，也閱讀了所能找到的所有資訊，只可惜，那時候進口的葡萄酒還侷限在少數知名的地區、酒莊，酒商所推薦的酒多少摻入商業行銷行為，網路還不流行，市面上能找到的相關書籍、報導也不多，於是，儘管我喝酒喝得再認真，讀書還不忘畫重點，一段時間下來，自以為多少掌握到皮毛、好歹累積了半杯水了，誰知一上場、幾個回合下來，卻發現半杯水已然歸零！

檢討原因，一來可能是因為敝人在下我阮囊羞澀，所以沒財力喝太昂貴的好酒，中低價位的酒也喝得不夠多、不夠廣、更不夠精，涵養見識自是不足；二來，葡萄酒世界實在太過浩瀚，不但需要硬實力去背頌各種知識，更需要軟實力去品味箇中的精妙，而我的忘性特佳、感官又太過駑鈍了，好不容易記在腦海裡的文字一對照口中的酒液，腦袋多半只能空轉，說出來的話，除了蠻香的、好喝、很順之外，再也擠不出來像樣的形容詞。

因此，我曾經甘拜下風地認為：葡萄酒，非我族類也！雖不至於敬而遠之，卻採取完全被動的姿態，有機會喝、絕不錯過；沒得喝、也就算了。

參加許多酒坊的品酒會，是認識各種酒最直接、快速的法門之一。

Summer 夏日迷情

「親愛的M，想到你竟然會犧牲形象，以澎湖阿婆的造型出現在眾人面前，我就可以想像亞爾薩斯的日頭有多『赤』了，尤其當你在毫無遮蔭的葡萄園裡工作時，可能正是我的夏夜品酒聚會時，室內的冷氣超強、還得加件薄外套才行，兩相對照，怎好意思跟你說台灣的夏天其實真的是熱到爆？哈，也不好意思跟你說，每一次喝酒後，記得的都是當天品酒的感覺、氣氛，甚至與同伴交談的內容，卻總是記不住酒名，想想，自己還真是遜哩！」

Wine在生活中流竄

1990年代中期，隨著新舊世界（註2）的酒莊紛紛來台探路、葡萄酒的品項愈來愈多樣，市面上出現不少相關書籍，喝葡萄酒的風氣不但在政府官員、上流社會的圈子裡流行，甚至也在一般人生活周遭中流竄：逢年過節時，許多人經常收到葡萄酒禮盒，對不懂、第一次喝的人而言，可能覺得葡萄酒一點都不好喝，對懂酒的人來說，這些酒可能根本就不及格；吃喜酒時，主人經常熱情地提供葡萄酒，因為感覺上葡萄酒好像比啤酒、紹興酒還高級，事實上，在許多喜宴上所喝到的葡萄酒和「高級」兩個字，完全沾不上邊。

多樣的葡萄酒帶給人們不一樣的口感。

無論懂或不懂，不管主動或被動，那時候，喝葡萄酒的人其實還蠻多的，許多人愈喝、愈愛、愈懂門道，還有不少人卻是湊熱鬧的成分居多。但不管如何，就在葡萄酒來台的第一個黃金十年結束、即1997年時，紅酒一躍而為當年的年度風雲產品。

當時的我，對於葡萄酒可說是有點懂又不太懂，剛好遇上一群愛喝酒卻不愛「說」酒的同好，在沒什麼壓力下，自然而然形成一個酒友圈，也就經常找名目來聚會喝酒，在這樣的場合裡，總有些人是舊識好友，有些人半生不熟，有些人壓根沒見過，但喝到微醺的階段，看出去的每張臉卻都變得很友善，很能體會「四海之內皆兄弟姐妹」的名言；然後喝著喝著就會進入飄然期，你開始很喜歡跟每一個人碰杯、很願意打開心防跟他們東聊西扯；接下來，如果大家還沒喊停還想喝，喝著喝著就無可避免地來到迷醉期，此時，再沒有人有神志心力去細細品味口中的酒，學到的一點知識也早拋到千里之外，只知道四處找酒，只想要喝得再盡興些，只記掛著不要讓場子冷下來，只專注在享受當下的熱鬧。

然後，總有人喝醉了，如果那人「非我朋友」，我絕對立即閃人，如果是朋友，哪怕他再吵再鬧，我還是會守在身旁。

我完全贊同你說的：「不該將葡萄酒用作澆愁之用，也不該很阿莎力的乾杯、一飲而盡。」因為如此行為，完全是暴殄天物的老粗作風。但不可否認的，對正值年少輕狂的人來說，再怎麼珍貴的葡萄酒終究還是酒，當它們與人們相遇，當喝的人正處在靈魂暗夜裡，當理智面被酒精麻痺了也好、催化了也罷，有機會讓自己喝醉，得以肆無忌憚地把心裡最深層、清醒時絕對死守不講的愛恨嗔癡說出口，其實是一種救贖，而說醉話時有朋友不離不棄地相伴傾聽，則是一種幸福。

然而，這世上沒有「永遠」，沒有人可以永遠不長大，沒有人可以永遠耽溺在特定的喜怒哀樂情境中，最重要的是天下沒有永遠不散的宴席，於是乎，隨著我換了職場，不再出席記者會，和這群酒友的生活圈也愈來愈難以交集、愈拉愈遠，最後終究是因緣相聚、緣盡緣散了。

Autumn 秋日沉澱

「親愛的M，你那裡有滿山遍谷的斑斕景致可賞，我這裡，城市風景沒什麼太大變化，白天還是熱，太陽下山後氣溫總能降，偶爾吹來一陣風，多少安撫住浮躁的心情，人清氣爽了，卻也不想往人多熱鬧的地方擠，只想跟好友聚聚、聊聊心事、喝點小酒，因為正當不太熱不太冷的秋日夜晚，不管是喝冰涼的白酒、室溫下的紅酒都適合，因為酒伴難尋啊，你已在千里之外，誰知道現在同桌的酒友還能伴自己多久呢？所以得格外珍惜啊！」

Wine在血液裡甦醒

創造一瓶好的葡萄酒需要時間，對於葡萄酒的深刻了解，其實也需要經年累月地「蘊釀和發酵」，因此，在經歷過一窩蜂盲目追求歐陸知名酒莊、懵懵懂懂的摸索學習之後，從葡萄酒第二個黃金十年（1997～2007年）開始，湊熱鬧的人數變少了，但真正懂酒、愛喝葡萄酒的人卻變多了（註3），其中有些人一躍而為葡萄酒的相關業者，為台灣引進更多元的葡萄酒、成立更專業的品酒會，有些人則單純地成為上癮的葡萄酒愛好者，這些無酒不歡的人，也許會去大量閱讀專家的書，也許會成為某葡萄酒部落客的忠實讀者，也許會四處去參加品酒會，也許什麼名人都不追隨、任何說法都只當是參考，就是只想要依據個人的預算來買酒，用自己的感官去品酒。

畢竟，葡萄酒的相關知識、常識雖然多到教人眼花撩亂，但回歸到最基本面，它終究只是酒精飲料，尤其是在和親朋好友聚餐時，打開嘴巴，與其「大秀」自己的博學多聞，還不如用來吃飯、喝酒、聊天。

好友相聚不一定要喝酒，喝酒不一定要求醉，但，如果真想「解放」一下，那麼我寧願醉在葡萄酒裡，因為喝烈酒太直接、喝啤酒容易撐，葡萄酒的低酒精濃度（註4）讓人毫不設防；因為打開一瓶酒，最好給它一段醒酒時間，所以你必須慢慢喝細細品，也就不會一下子灌進太多酒，可以一步步領略微醺、飄飄然、迷醉的情境，可以自己決定停留在哪個階段；因為保存未喝完的葡萄酒有些麻煩，而你又很難一個人獨自喝完一瓶酒，所以最好是找伴而不是選擇一人獨自酗酒，和一個懂你的知己對飲教人身心靈皆放鬆，與親朋好友一起品酒則有其分享的趣味。

多嘗試各種不同的酒，只有好處沒有壞處！

01、02台灣人接受度最高的是法國勃根地的紅白酒。
03、04勃根地紅酒在台灣紅遍半邊天，也是許多人喜愛的酒款之一。

Winter 冬日回味

「親愛的M，真羨慕你看得到美麗雪景，這裡這一星期每天都在下雨，又濕又冷，好不容易等到假日，但連出門吃麻辣鍋都懶，只想賴在家裡，窩進棉被裡冬眠是個好主意，但比不上開瓶酒、看看DVD，新電影又比不上老電影，選了《尋找新方向》來重溫舊夢，哈！多年前看的時候還不是很了解劇中主人翁對黑皮諾、梅洛等葡萄品種的喜惡，哈！現在不但看得津津有味，甚至激起我冒雨外出買酒的興致，當然，這一次鎖定的正是黑皮諾。」

《尋找新方向》（註5）

品酒會裡集合了許多愛酒人士，在這裡可以認識各種酒、各種品酒的人。

Wine在轉角處呼喚

還記得2000年時採訪法國與德國酒莊的事嗎？只可惜，當年的你既不喝也不愛喝Wine，而我還只是葡萄酒學校的幼稚園大班生，所以我們報導的角度主要鎖定在葡萄酒之「旅」，介紹的是如何前往的交通及路線圖、採購各式葡萄酒的相關資訊，拍攝的是豔陽下燦爛如綠色織錦的葡萄園、寧靜而古樸的小鎮風光、各具特色的酒莊建築、提供各式美酒佳餚的Wine餐廳，和酒莊男女主人談的話題也多半圍繞在比較風花雪月的層面上，再加上行程排得蠻趕的，沒時間坐下來好好品酒，也沒本事去體驗不同酒莊的特色、不同酒的精妙處。如果是現在，兩人都對葡萄酒有些概念時，再有機會拜訪酒莊，我們應該會像小學生出遊一樣，興奮到不行吧？

也許，就是與葡萄酒有緣吧？讓我們有機會在2009年再次攜手，預計完成一本葡萄酒的入門書。我想這本書最大的不同是：你擁有一整年、第一手在亞爾薩斯種葡萄、釀葡萄酒、學品酒的親身經驗，而我雖然還屬門外漢，但在心態上則完全準備好了，因此，在採訪酒商、Wine餐廳、葡萄酒達人時變得特別認真、融入，在閱讀相關資訊時變得更加戰戰兢兢，在品酒時也盡量學習著五感全開，因為我不想再次地入寶山而空手回，不想一直在Wine國度的大門口外徘徊了。

黃素玉的葡萄酒筆記本

註1 葡萄酒的眼淚

將葡萄酒倒入酒杯、輕輕搖晃後（可以拿起酒杯，懸空順時或逆時針旋轉，或者將杯子放在桌上，用手握住杯底來轉動），再將酒杯傾斜、對著光，就會看見酒液在杯壁上留下一條條透明的酒痕，此即所謂的眼淚（英文tears，法文為lâmes），也有人稱為拱門（arches）、美人腿（legs）。一般來說，酒精濃度較高、含糖量較多、年份較久的酒，眼淚流下來的速度會比較緩慢，雖然這三高也確實是好酒的必備條件，但卻不能以此作為判斷品質高低的唯一標準，一來因為形成好酒的原因更複雜，二來有些國家的酒莊會在釀酒時偷偷地加糖、加酒精，另外，還有些品種比如斯萬娜（Sylvaner）所釀出來的酒就是比較單薄，較少見到「眼淚」，所以，眼淚和酒的品質並沒有絕對必然的關係。

註2 新舊世界的葡萄酒

在葡萄酒國度裡，所謂的舊世界，指的是有千百年釀酒歷史的歐洲國家，比如法國、義大利、德國、西班牙等國；至於在歐洲以外的地區，比如美國、澳洲、紐西蘭、智利、南非等國，他們種植釀酒葡萄和釀製葡萄酒的歷史則大約在這100、200年之間，所以被稱為新世界。

相較而言，不管是氣候地理等候件，還是釀酒法規，舊世界都比新世界來得嚴苛：以法國波爾多為例，在法規之下，大部分酒莊都會遵循傳統釀造法，為了突顯各種葡萄的優點，緩和其弱點，經常使用多種葡萄來進行混釀，以得到較佳的平衡口感、更豐富的後韻；新世界酒莊的經營方式，包括耕作、收成、釀造，以及包裝行銷上都更企業化、技術化，也更加消費者導向，他們一面生產大眾喜愛、好奇的酒，比如更香更直接、單一葡萄品種的酒，另一方面，也會吸取舊世界知名酒區的混釀經驗，並複製出類似的風格，生產出偏向舊世界口感的酒。

然而，也許是市場競爭太激烈了，舊世界的規則似乎在鬆動中，比如有些較為平價型的法國酒，喝起來的感覺少了些複雜及深度，反而很像新世界的直接、簡單、易飲；比如入門的人大概都學過，黑皮諾是勃根地紅酒的唯一品種，一般並不會在酒標上特別註明，但我在賣場時，就看到一支勃根地的酒，酒標上清楚明白地標示著黑皮諾（Pinot Noir）的字。也許，有規則就有例外，是我太少見多怪了？

註3 喝葡萄酒的人數

根據財政部國庫署統計，2007年台灣進口葡萄酒量超過1800萬公升，高於前年的1600多萬公升，市值約15.6億元，成長率為12.1%；另一份資料則顯示，根據「國際葡萄酒暨烈酒機構」（VINEXPO）的調查，2006年台灣葡萄酒的實際消費量為1180萬公升，相當於台灣人每一年要喝掉約1570萬瓶的葡萄酒，在亞洲國家中排名第4。參閱以上數據，可以推論得知，在台灣，葡萄酒的人口呈現極為穩定的成長趨勢。

註4 葡萄酒的酒精濃度

在市面上，常見葡萄酒的酒精度大都在11~15度之間（有些甜紅酒則會低至8度）。如此的差異，主要是出在葡萄本身所含糖份的高低（地區、氣候、葡萄品種、好壞年份等等因素，都會影響葡萄所含的糖份），一般來說，釀製葡萄酒時，若選用的葡萄愈甜、發酵過程愈順利，轉化出來的酒精度也就愈高，然而，酒精高低與葡萄酒的品質並沒有一定的關係，於是，為了讓葡萄酒的酒精度「恰如其分」，各種專業的技術也就因應而生了。

某些酒坊裡主打商品為西澳、南澳等地知名酒莊的紅白酒，吸引不少人好奇的想嘗試一番。

註5 葡萄酒相關的電影

＊《尋找新方向》（Sideways）

導演亞歷山大佩恩〔Alexander Payne〕。也許是因為男主角的境況有點慘、劇情有點誇張、也許是電影中主要演員的名氣都不大，也許是裡面提到許多專業的葡萄酒知識，讓這部戲在台灣上映時票房並不佳，但它在美國可是獲得極大的迴響，不僅得到2005年奧斯卡最佳改編劇本、金球獎最佳影片與劇本，以及美國獨立製片精神獎等多項大獎，而且在美國各地的賣座也都很好。其實就算看不懂葡萄酒的相關對話，這部戲還是極具可看性，有機會，不妨找出來瞧瞧。

＊《美好的一年》（A Good Year）

由合作過《神鬼戰士》的奧斯卡金像獎大導演雷利史考特（Ridley Scott）與金獎影帝羅素克洛（Russell Crowe）兩大王牌再度攜手合作，影片改編自彼得梅爾（Peter Mayle）的《戀戀酒鄉》一書，劇中對葡萄酒的專業性雖然著墨不深，卻可以看到普羅旺斯風景優美的葡萄園、酒莊，對祖孫、男女感情的處理也有其獨到之處，再加上俊男美女大卡司，可以說是一部「好看」的視覺系溫馨小品。

＊《戀戀酒鄉》（Bottle Shock）

導演為蘭道米勒（Randall Miller），為一真實故事所改編的電影，全劇選在美國加州那帕（Napa）拍攝，記述的正是境內的Chateau Montelena酒莊，在1976年巴黎品酒大會中，以1973年的夏多內（透過盲飲評比的方式），擊敗諸多法國知名酒莊的故事。這個事件，不但讓這座原先默默無名的酒莊一夕之間聲名大噪，奠定了加州那帕在新世界中的地位，最重要的是它也讓許多人從原有的新舊世界迷思中覺醒過來，不再將名氣與名牌酒莊直接劃上等號。但諷刺的是，自從那帕一戰成名後，想在這一區買到高貴又不貴的酒，早已經是極難達成的任務了。

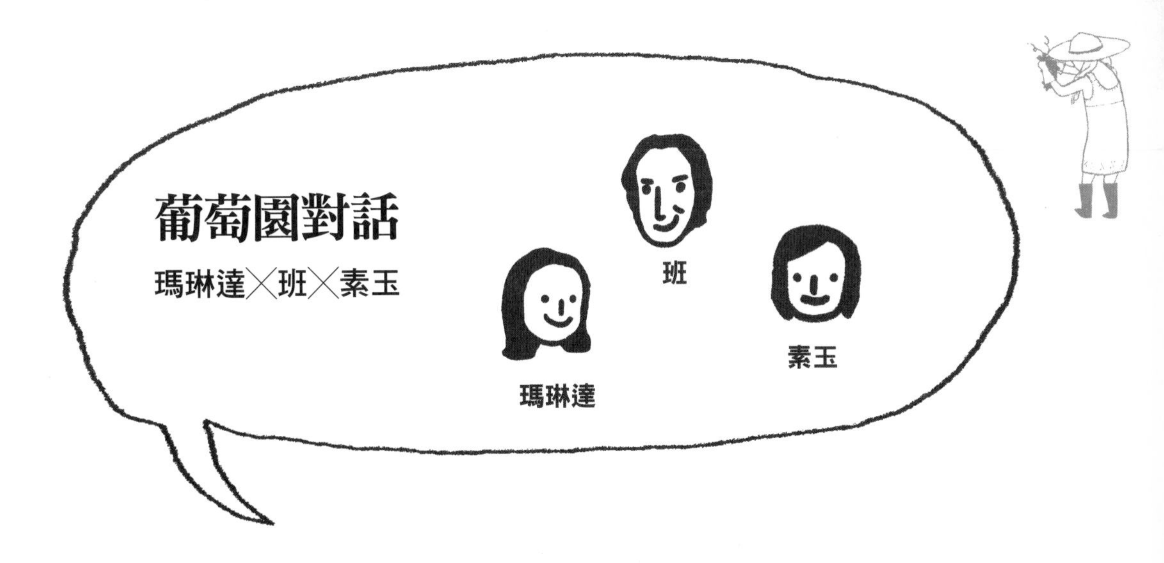

瑪琳達：「世上究竟有多少種釀酒葡萄品種？這些葡萄不管種在哪都可以生長嗎？」

班：「就正式統計數據來看，約有300～400種左右，亞爾薩斯就有11種法定葡萄品種，不過不像新世界，愛在哪種葡萄就種，想種什麼葡萄皆可，法國每個酒區葡萄品種及栽種地點都有限制，然而從2015年後將取消限制，不同產區可嘗試栽種其他區的葡萄品種，不過一些明星級葡萄仍受地區保護，如亞爾薩斯的莉絲琳、古烏茲塔明娜、斯萬娜即受保護10年，在法國其他地區可碰不得！」

瑪琳達：「所謂『橘逾淮北為枳』，環境對物種影響很大，何種葡萄適合何種Terroir，也是千百年來老祖先的經驗累積，所以不是所有的葡萄都適合搬家！」

素玉：「法國法令禁止葡萄園灌溉？即使乾旱時也不行嗎？這樣葡萄藤不會枯死嗎？」

班：「當然不行！法國明文禁止葡萄園進行人工灌溉，即使乾旱亦如此，因為若是和新世界那樣用人工灌溉，那只會讓葡萄多了水份而已，不僅甜度會降低，味道更加平淡，至於像我們完全靠大自然種出來的葡萄，不僅味道比較豐富，也有層次感，若真遇到少雨甚或乾旱的時候，葡萄藤若缺水，自然會迫使其根鬚更往下蔓延伸長，尋找水源，如此可以吸收更多土壤中的養份及礦物，萬物皆有神奇的力量，它自會尋找生存之道！」

瑪琳達：「我很好奇，一株幼苗要多久才可以長出葡萄？葡萄藤最長壽命大約幾年？」

班：「平均要3年時間才會長出葡萄來，最長壽命大約為百歲，不過所長的葡萄數量相對越來越少，所以平均超過50年後就會汰舊換新。」

素玉：「原來葡萄藤也有百年人瑞，雖然能長出品質較優的後代，但老蚌生珠本就困難，在不符合經濟原則下，酒農也只好忍痛犧牲之……。」

素玉：「聽說歐洲許多地區的葡萄藤，都帶有美國血統噢？」

班：「沒錯，比如亞爾薩斯就有許多將原產地種與外來種相接枝而成的葡萄藤，外來種90%來自於美國，如此做的原因，並不是為了讓葡萄更甜美，而是因為一百多年前，歐洲曾發生一場嚴重的葡萄藤蟲害，讓酒農損失慘重，由於蟲害來自於美國，當地葡萄藤已具有免疫抗體，因此，才使用美國樹根再嫁接上歐洲藤。」

瑪琳達：「台灣有高山梨接枝而長出甜美多汁的果實，法國則因避蟲害而採用歐美聯姻，我上網查了資料，原來19世紀中葉曾發生蟲蟲危機—瘤蚜蟲（Phylloxera），蟲害席捲整個歐洲，專門咬食葡萄樹根使其枯死，當時全法國約有40%葡萄藤因此死亡，造成法國葡萄酒史上的最大災難，經過10年的抗爭及調查，最後終於查出蟲害源自於美國，而美國葡萄樹根已對瘤蚜蟲產生抗體，法國酒農便將美國種樹根引進國內，成為今日最多數的歐美混血種。」

葡萄苗種下後，要3年才會長出葡萄，最長壽命約百歲。

素玉：「一般葡萄樹之間約隔幾公尺？如果面積相同，葡萄藤的數量種得愈少，品質會愈好？」

班：「昔日用馬車耕種時，距離在1公尺左右，如今使用機器，因其體積較大，所以距離拉寬了些，約在1.5～2公尺間，藤蔓間隔約在80～140公分左右。至於在相同面積的葡萄園，如果葡萄藤種得越多、密度越高時，就會迫使葡萄藤彼此競爭，為了吸取到更多養分，所有的樹根都會努力地深入土壤之中，如此一來，葡萄果實所蘊含的礦物元素也就愈多元，品質相對就愈好，簡言之，1公頃葡萄園中種了6千株葡萄藤，其葡萄品質就要比只種3千株的品質要來得好。

另外，根據法國的法令，每公頃葡萄園最多可生產多少公升的葡萄酒都有嚴格限制，比如說，1公頃只能生產3千公升葡萄酒，那前者要兩株才生產1公升的酒，而後者則是一株生產1公升，也就是說前者的酒農在做數量控管時，每株葡萄藤只要保留一半數量的葡萄串即可，如此『去蕪存菁』下的葡萄串，所分配吸收到的養分當然就比較多，釀出來的酒，品質也會較好。

不過，葡萄藤種得愈多，遠多於可以釀酒的數量時，酒農不但必須花加倍時間去照顧，更得耗費更多心力去剪掉多餘的葡萄串，時間心力金錢等等成本自然也會跟著大大提高。

相對於一些法令較寬鬆的新世界國家，因為沒有限制葡萄園生產酒的數量，酒農為了釀出更多數量的酒，就會讓每株葡萄藤發揮到最大『效用』，不但拼命灌水且不願多修枝剪串，在這樣的情況下，每株葡萄藤上的葡萄串就會長得過多，看似結實累累，但以此釀的酒，品質就有待商榷了！」

瑪琳達：「原來看見葡萄藤上結實纍纍並非好現象，果實飽滿大粒也非品質保證，在法國，『去蕪存菁』才是好酒農的必遵之道。那1公頃葡萄園約可生產多少公升的葡萄酒？」

班：「根據法規，特級葡萄園（Grand Cru）可生產5000公升，最多可以產到8000公升，晚收酒則約為3000公升，不管是佳釀或是歉收年份，皆是如此，因此遇到豐收之年，酒農有時只能捨棄部分葡萄不用，否則一旦超出法令規定，若不幸被政府查到，拿去蒸餾成酒精充公給醫院用事小，罰個萬把歐元可就得不償失！至於若是歉收年份，產量減少的話，抱歉，酒農就只能自求多福啦！」

瑪琳達：「原來有時過了採收季節，仍見葡萄園一堆葡萄沒人採，或是任其腐爛掉落，化為春泥，不是酒農浪費或偷懶，而是因為葡萄盛產，採多了不僅多花人力、財力，甚至還有可能被罰款，乾脆就棄之不顧了！」

素玉：「我很好奇一般葡萄樹有多高？」

班：「亞爾薩斯區葡萄樹平均約2公尺以上，其他產區葡萄樹約只有一半高度，為何亞爾薩斯區的較高？因為這裡緯度較高，為了進行光合作用，陽光較不充份，如此，藤蔓長得較高，另外綠葉也較多。」

瑪琳達：「和其他地區如波爾多的矮小葡萄藤相比，在亞爾薩斯區採收葡萄要算是幸運多了，因為，不需要當武大郎時時蹲著剪葡萄，久了恐怕得關節炎……。」

素玉：「我知道法國葡萄酒分許多等級，但特級葡萄園所釀的酒是不是真的品質最好？」

班：「特級葡萄園幾乎都位於最好的地形及土壤之上，充份表現所在地的風土條件，屬於典型Terroir酒。特級葡萄園葡萄園通常擁有悠久歷史，同時需經由AOC所認證，限制相當嚴格，不能產太多酒，其土地面積雖占所有葡萄園的8%，卻僅生產3%的葡萄酒，至於酒精濃度也需高些，條件嚴苛使其成為優質酒，算是品質保證，不過這並不代表其他等級葡萄園沒有比特級葡萄園好，因為多數特級葡萄園早在數百年前就定了下來，從地點到面積都不曾更改過，像是堪稱最大的紅酒特級葡萄園的勃根地梧玖莊園（Clos de Vougeot，為勃根地夜丘區的著名特級葡萄園），從1336年至今都未曾變過。這使一些擁有相當品質的葡萄園，至今仍無法晉升為特級葡萄園，相當可惜。」

素玉：「我看到《神之雫》上提過老藤，老藤所長出的葡萄有何不同？釀出的酒風味如何?」

班：「老藤（Vieille Vigne）通常指25年以上的葡萄藤蔓，為何用老藤釀出的酒風味較濃郁集中？那是因為一則老藤經過多年仍在此生生不息，代表它已經過達爾文的物競天擇論，經過老天篩選成為較能適應當地土壤及天候，具有當地的Terroir特質；再來因為老藤的葡萄串數較新藤少，相對所得到的養份較高，其甜度及味道也較集中精華。」

瑪琳達：「法文Vieille Vigne，簡稱V.V.，在一些酒標上可以看到此標示，聽了班的解說，讓我豁然開朗，難怪我們總說所謂薑是老的辣，原來葡萄酒也是老藤的濃！」

素玉：「我看過一些相關報導，其中許多人專家會特別強調佳釀年份，怎樣氣候才算是佳釀年份嗎？其釀的酒真比較好？」

班：「低溫及多雨為葡萄的兩大致命傷，至於是否為佳釀年份？通常6月為關鍵期，因正逢花期，若天氣太冷，延誤了花期，葡萄熟成時間相對縮短，品質自然不好；另外採收前1個月也很重要，因為這段期間正是葡萄生長最快、最需要養份的時候，像亞爾薩斯區如果白天熱、夜晚冷，則賦予葡萄豐富香氣；葡萄當然需要水份，但不能過多，否則葡萄只會徒增水份，平均10天下一次雨會最好。如果遇上歉收年份，酒農還是可以做事後修正，如2006年的亞爾薩斯並非好年份，不過我的酒卻得了世界金牌獎，所以即使同一地區、同一年份，葡萄及所釀的酒品質都並非相同，所以不能盡信佳釀或歉收年份。」

瑪琳達：「所有葡萄都可以做遲摘酒嗎？」

班：「非也非也！首先白皮葡萄要比紅皮葡萄適合，再來品種方面，要像莉絲琳、古烏茲塔明娜和灰皮諾這種顆粒較嬌小，糖份較集中，以及葡萄皮較容易產生貴腐菌的，才適合做遲摘酒。」

素玉：「什麼是酒體結構？什麼是餘韻？」

班：「首先必須了解葡萄酒是有生命的，在開瓶前，酒中的單寧（Tannin）、果酸（Acid）、剩餘糖份（Residual Sugar）、酒精（Alcohol）4大主要元素還在持續不斷地運作中，直到4大元素全部都均衡地混合在一起時，才是這瓶酒的適飲期，換句話說，這些元素即酒體的結構，當它們混合得愈是和諧，愈可以稱做為一瓶好酒，不管是香氣和味道都不會太過單一，聞起來有多層次的香味、喝起來有複雜且均勻圓潤的口感，並且，會隨時間層層迭迭地展開來，就算把酒嚥下喉、吞下肚了，酒的味道還會停留在舌頭味蕾上好一陣子，不會馬上消失。」

瑪琳達：「法語所說的Caudalies（Cauda源自拉丁語，意思就是尾巴），類似英文的Second，中文則有人翻譯為餘味、餘韻、尾韻，有人甚至用「孔雀開屏」（Opened like a Peacock's tail）來形容它。」

瑪琳達：「酒開瓶後，一定要當天喝完嗎？」

班：「要視酒性和所在溫度而定。基本上，酒開了以後最好當場喝完，最晚也要在隔天就喝完，尤其是紅酒，因為酸度較低，保存時間比白酒短，最多3天左右，至於白酒最多約可以存放一星期，而酒若剩愈少就愈不禁放，因為瓶中空氣相對較多，酒也比較容易氧化變質。」

素玉：「專業的酒餐廳，會用真空器將酒瓶內的空氣抽空，但在家裡，怎麼辦呢？」

班：「切記首先將瓶口密封起來，然後放在陰冷及曬不到太陽之處，比如冰箱或地下室。」

Chapter 2

釀酒記VS.閱讀記

你在亞爾薩斯

從釀酒過程中　領略葡萄酒的奧妙迷人

我在台北

從大量閱讀中　涉獵葡萄酒的博大精深

不同的切入角度　不一樣的感官驚豔

瑪琳達&黃素玉

慢慢地走進了葡萄酒國度的大門

賦予葡萄酒靈魂的創造者
釀酒師其實是藝術家？

╳ 瑪琳達｜亞爾薩斯釀酒記

「如果卓然不群的葡萄酒能夠藉由香氣顯露出特有的風土條件，那是釀酒者所賦予葡萄酒的靈魂，如此和諧的氛圍，亦將瀰漫於瓊漿玉液之中。我愛：分享一杯好酒，與大自然共融，種植葡萄，愛護它們，採收葡萄，將其釀製為神聖的液體，獲取內心深處愉悅之感，分享一杯甚至更多的葡萄酒，一個全新的世界儼然成形……。」

「而每天早上當我醒來，我繼續種葡萄，並珍惜它們……，如此日復一日，不間斷地、戮力以赴的釀酒者如我，只盼能臻至完美的境界。最後，把我的夢想挹注於酒瓶之中，藉此喚醒你的感官，敞開你的心胸，彷彿之間，你也能深刻感受到這份幸福，人生因為有夢想而偉大，而夢想則需迫不及待地實現之，因為，一個快樂的人，正是夢想得以實現的人，所以我的朋友，斟滿我的酒杯吧！」

班在他的酒莊官方網站上，如此感性地陳述了他的釀酒哲學，我希望藉此借花獻佛，讓我斟滿你的酒杯，一同舉杯邀明月，只盼天涯共此時。

成就佳釀的幕後推手

記得我因你而開始接觸葡萄酒之時，當時我只是膚淺地想認識酒標上之葡萄品種、年份、出產國與地區、價格，而在嗅覺及味覺上，也只能單純辨別果香、花香等基本學問，我還記得當我因能背誦出葡萄酒基本常識，及藉由品酒完整形容其香氣而沾沾自喜時，你卻這麼提點我：「不不不，葡萄酒絕非僅從感官體驗能概括之，它是有靈魂的，等你哪一天可以體會到我今天說的，恭喜你！歡迎你正式踏入葡萄酒這個浩瀚的世界裡！」

現在，我終於能體會當年你所說的：葡萄酒的確具有靈魂，而酒農及釀酒師，正是那賦予葡萄酒靈魂深度的元神，即葡萄酒三元素「天地人」中的「人」。因為正是「人」，讓同樣的葡萄品種，在同樣的地區、土壤之下生長，同時接受大自然無偏私的洗禮，最後卻釀造出大相逕庭的酒。

魔術師般點石成金

前面和你提過了酒農栽種及採收葡萄的點滴，相信你已了解，想要栽培出佳釀葡萄並不容易，除了得看老天爺臉色外，還要酒農下足苦功才行。因為，儘管採收到的是「超完美」葡萄，但想化成佳釀卻非必然，好比把相同的上好食材給予不同廚師烹調，料理出來的菜色卻是因人而異，葡萄酒亦是如此，這一點相信你也很明白。

釀造葡萄酒，聽起來好像很簡單，還記得國中上化學課就曾教過，葡萄酒為葡萄中的果糖經由酵母作用，逐漸發酵產生酒精所致；而後我們也一起參加過品酒課，課程開宗明義依舊從葡萄酒釀造公式開始：白酒為白或紅葡萄直接榨汁後再去皮去籽釀製而成，紅酒則是由整顆紅葡萄連皮帶籽浸泡後再榨汁釀製。雖然不少葡萄酒專家及市面上有關葡萄酒的書籍，總可以說得頭頭是道，但紙上談兵的成份多些，因釀酒並非僅公式套用，如是而已。

不管是佳釀或是歉收年份，對於釀酒師來說，都有不同特色及優缺點，都是不同的考驗，要如何將這些葡萄幻化成點滴佳釀，賦予其靈魂，亦都在測試著釀酒師的智慧，他們就像是魔術師般，藉由其專業、經驗、直覺、感覺，加上無可取代的特有天分，才能點石成金釀出好酒。

釀酒一二事

當被剪離藤蔓母體的那一剎那起，葡萄即將展開它的第二旅程——葡萄酒。此時，班的身分也從酒農變成釀酒師，我看著班是如何在陰冷又孤單的酒窖裡釀酒，兩年下來也多少有些心得，在此與你分享之。

發酵

由葡萄蛻變成美酒的化學變化過程可謂詭譎多變，通常發酵時間為兩個禮拜到3個月不等，期間一步都不能出差池，尤其班習慣使用葡萄皮上的天然酵母來發酵，天然酵母雖好，但不如人工酵母那樣品質一致，因此常常狀況百出，讓他隨時隨地都得繃緊神經，深怕一個不小心，就會產生發酵不完全或發酵過度，甚至任何無法挽回的錯誤狀況，所以每當發酵期間，班總是每隔個幾天就得採集樣本送到附近的葡萄酒實驗所作檢測，收集相關數據，同時針對數據所顯示的缺失立即做修正。

為了掌控發酵狀況，每座酒桶上都會裝置U型透明管，裡面裝了一半的水，當酒桶內葡萄開始發酵時，會釋放出二氧化碳（此時，酒窖中會充滿二氧化碳，因此，只要待上一陣子，他就得到外頭透透氣，呼吸新鮮空氣），此刻U型管中的水就開始發出咕嚕咕嚕聲響，當所有酒桶都開始發酵時，那有節奏的聲音此起彼落著，此刻，偌大安靜的酒窖就像是一座大型音樂廳般，而這些咕嚕聲好比室內管弦樂團，日以繼夜地演奏著。

班說，當他一個人在黑暗陰冷的酒窖裡工作時，聽著這咕嚕節奏聲，宛若60年代的懷舊音樂，讓他總是百聽不厭，也不覺得悶了。

當然，這咕嚕聲就像是醫生聽診器，讓班可以隨時掌握每桶酒的發酵狀況，因此他得隨時注意每座酒桶產生的咕嚕聲，若是速度太快，代表發酵過程太快，若是漸漸變慢了速度，終至完全無聲，則代表停止發酵，這些都是重要指標，讓他得以隨時做調整。

發酵期間除了起伏有致的咕嚕聲響之外，整座酒窖同時瀰漫著濃濃的酒香味，往往班待在酒窖一整天回家後，從遠處就可聞見他滿身酒氣，不知情者，還以為他是嚴重酗酒者或是掉進了大酒桶中！

不管佳釀或是歉收年份，葡萄採收後需要釀酒師的點石成金，方能成為佳釀。

發酵過程如天威難測

葡萄發酵過程是繁複的化學變化，通常熟成葡萄採收時糖份約在11～14度之間，而遲摘葡萄糖份約為18～20度。葡萄發酵時，糖份將轉化成酒精，如果發酵過程順利，糖份幾乎全數轉化成酒精，則酒精濃度在11～15度之間，這是我們常見的「乾」酒（Dry Wine）；至於遲摘酒則須在發酵過程中，以人工方式中斷發酵，將酒精濃度控制在14度左右，另外有4～6度的剩餘糖份，這就是所謂的甜酒（Sweet Wine）。

至於為何發酵過程會難以控制？主因在於酵母及溫度上，若使用葡萄皮上附著的自然酵母菌，因氣候等因素影響，每年的酵母品質不一（若是在雨天採收，酵母會因被雨淋而流失），這時恐會造成發酵不完全，提早終止，如此一來，這葡萄酒酒精濃度可能只有7～8度，剩餘糖份太多，成了半酒半汁的四不像，補救方法就是放進去更多酵母，或是等來春天氣較溫暖時使其再度發酵；至於一般發酵的理想溫度在攝氏17～18度間，若發酵過程中，溫度過高甚或到達攝氏28度的話，就會造成發酵時程縮短，有時3天即完成發酵，此種過度發酵的酒缺乏了該有的優雅細緻度，也少了果香味，是大敗筆。

我家也有新酒發表會

不只薄酒萊有新酒，班戲稱每年11月底他也會舉辦自家的「新酒發表會」，當然大夥兒喝的不是鼎鼎大名的薄酒萊，卻也是當年新酒，只不過是還在大桶內剛發酵完或尚在發酵的新酒。為何有這麼特殊的「品酒會」？班說：「對我們釀酒的人來說，如果每天關在酒窖裡釀酒，孤芳自賞的話，如此過於故步自封，有時也會走入死胡同，釀出來的酒也會太過『冷漠』，所以我們總會廣納諫言，聽聽看別人的意見。」

於是趁著11月新酒甫發酵完畢，正進入熟成狀態時，酒莊的釀酒師都會輪流到各家酒窖裡去品酒，除了彼此交流、提供意見外，順便和自家的酒比較比

較。此時的新酒介於葡萄汁與葡萄酒之間，顏色混濁、口感酸澀，當然是不可能 「喝」下肚的，不過還是可以「從小看到大」，見到其熟成後的模樣，若有所偏差，釀酒師可以趁機再做修正，以臻完美境界。

悠遊於酒池肉林的男人

「我是打從出娘胎，就在葡萄酒池中游泳長大的人！」記得剛認識班的時候，他如此比喻了他與葡萄酒的不解之緣。

兩百多年來，他的家族就是一代傳一代地種著葡萄及釀酒，既是酒農也是釀酒師。他的父母親來兩個自不同酒莊世家，他則是「血統純正」的葡萄酒農。當然，酒農之子繼承父業，非必然之結果，如今，愈來愈多年輕一輩一則有自己興趣發展，一則不願如父執輩那般辛苦工作，很多小酒莊因此而後繼無人，只能單純當種葡萄的農夫，採收後再後將葡萄賣給大酒廠，不再經營釀酒生意，尤有甚者，乾脆關門大吉或轉賣給大酒廠，眼看百年祖傳基業就這麼走入歷史。

當然，年輕時的他也曾思考過轉行這嚴肅課題：如果走其他路會是怎樣？還曾跑到以色列的蕃茄工廠打過工（順道一提，他自從去了蕃茄工廠後就再也不吃蕃茄醬，因為他說，通常最肥美的蕃茄是拿來賣的，次等的拿來做蕃茄汁，而最差最爛的則是去做蕃茄醬……），不過，後來因祖傳的神聖使命使然（若不接手，BOHN家族數百年基業可能就此終結），加上漸漸認定葡萄酒為他一生志業，最後決定從他父親手上接下棒子。

而班這一生似乎注定要和葡萄酒脫離不了關係了，記得有一次，我們看著窗外教堂旁的墓園，他提及他祖先世代皆長眠於此，我問他身後是否也要與BOHN家列祖列宗同眠，他竟毫不猶豫的說：「啊！我才不要，那兒太擁擠了，我死後要埋在葡萄園裡，不但可以和我喜愛的葡萄共眠，還可以『躺』擁美麗群山，多好！」

小小一瓶大大透露釀酒師個性

「我每年都會根據當年葡萄收成情況，再憑直覺跟經驗，同時發揮些許創意和實驗精神，找出一或兩種葡萄來釀製出該年特有的Cuvée（註1），這絕對是僅此一家，別無分號！」

每當在酒窖裡，望著那一桶桶的洋槐木桶或橡木桶（註2），班總是會忍不住多看個兩眼，因為這些酒桶內躺著的全是他的「舊愛新歡」，他不但悉心呵護這些舊愛與新歡，感性的他還很另類，不同於亞爾薩斯的酒多以葡萄品種命名，他會為他的每個寶貝取個超詩意浪漫的名字，像是舊愛「Larmes de Venus」（維納斯之淚，屬於麥稈酒）（註3）及「Lumière de Feu」（火焰之光），還有新歡「Scheferberg Eternal」（永恆之石）和「La Délicuse」（甜心佳人）等等，這些寶貝都是他精心釀製、一手打造出來的，不少舊愛往往一躺就是個7、8年，可謂十足的睡美人。

雖然這些限量生產的寶貝極其珍貴，不過班卻不吝於跟酒中知己分享，有時好友來酒窖品酒，聊到酒酣耳熱之際，班就會拿出一個大虹吸管，打開其中一個木桶的瓶塞，將其中的酒吸取出來請好友分享，當被問及其中幾款已經陳放於木桶中7、8年的寶貝，究竟何時才會正式裝瓶上市時，班總會略帶神祕的說：「啊！快了，快了！現在還差一點點，等時機到了，自然會上市！」

究竟是差了什麼一點點？班說，這只能會意，無法言傳，而只有他自己最清楚，何時上市是最佳時機，終究這是他費盡心思釀製的獨家酒款，差一點點都不行，因為他的寶貝，絕對要以最完美的姿態，呈現於世人眼前。

釀酒藝術家

「釀酒，其實有時是要很隨性的，更要有藝術家精神，若過於拘泥於套用公式或拘謹於約定俗成之中，格局就會太小，自然無法成大器。」這是我這兩年來觀察班釀酒過程中所得到的感想。

人往往是釀酒成敗與否的最重要因素。

我也才知道，釀酒師不僅是嚴謹的科學家，也必須是個隨性的藝術家，好比班一樣，他喜歡大膽嘗試，往往隨興所至，靈感一來，就孤注一擲地釀了下去。

問他是怎麼知道什麼品種葡萄混釀最好，或是怎麼知道今年要釀哪幾款特別的酒？他總是保持微笑的說：「沒有特別的準則呀！就是全憑……感覺囉！在採收時我的腦袋就已經開始構思，等到採收完時，已經有譜了！」

那有沒有失敗或遇到瓶頸？「還好耶！不能說是失敗，若是釀的酒不如預期想像中那樣，我就會再看怎麼修正。哎！總是會有辦法的！」

瞧他講得倒是一派輕鬆瀟灑。

的確，班的獨家釀造酒款，總是讓他出師必捷，贏得了不少肯定及獎項，對他而言，的確是種鼓勵，因為他知道他這樣做雖然吃力不討好（每款獨家釀造不僅費工費時，限量生產，價格又貴，雖然許多客戶喜歡，卻總是下不了手購買，有時只能孤芳自賞），卻是最值得的堅持，因為葡萄酒不僅是他的事業，更從其中獲得內心的滿足及成就感。

「這就是我為什麼喜歡葡萄酒的緣故，因為，葡萄酒要這樣玩才有趣，你說是不是？」班又以深情目光望著他的寶貝，還不禁這麼說著。

「唉！真是一個不可救藥的釀酒癡！」我暗想著。

班隨興所至總愛拿個虹吸管取酒給親朋好友先飲為快。

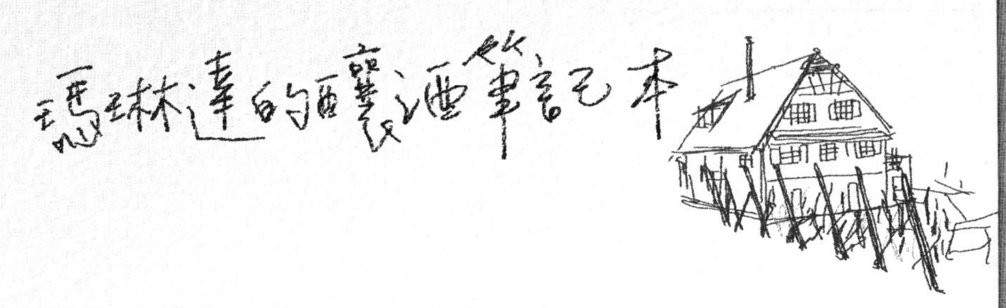

註1 認識Cuvée及Reservé

喜歡研究酒標的人，應該偶而會在一些酒標上看到Cuvée及Reservé如此的字眼，實質意義不大，反而較像是行銷包裝的玩意。Cuvée主要為陳放於特定酒桶內的獨家釀製酒，可以是任何名詞，如Cuvée Exceptionnel，代表酒莊特定酒，也可以是人名，像Cuvée Melinda，則為屬於我的獨家款酒；至於Reservé，也是指酒莊裡特有的限量酒，換句台灣常用的字眼，有點像是CD專輯或車款的「精裝限定版」或「限量版」般，不論是Cuvée及Reservé，都代表其品質較一般酒還要優之意。

註2 SIZE、味道任君挑～葡萄酒桶大公開

傳統上，亞爾薩斯用超大型FOUDRE橡木桶，容量從2千到1萬公升不等，由於可以透氧，讓酒桶得以呼吸，如此釀酒時會產生不同進化階段；至於波爾多採用2500公升、勃根地則使用2800公升的橡木桶。

另外，新舊橡木桶也會為酒帶來不同風味，像是新桶會有較重的橡木味，因此放進去的酒，其酒體最好強勁些，才不會被橡木搶盡風頭，反之，對於想要強調果味的酒，最好使用舊桶。

不過不是什麼酒都適合橡木桶，最好是結構性強、酒體較重的，因為葡萄酒通常必須在橡木桶內熟成18個月，有些則會長至3年，通常在前3年，木桶可賦予酒最香的氣味，之後，功效就不太大，加上木桶會透氣，會加速氧化，所以一般最多只會在橡木桶熟成3年。基本上，橡木桶多用於紅酒，白酒占極少數，比如勃根地的部分酒莊，會把夏多內陳放於橡木桶內，使原本較淡的香氣變得較複雜。

相較於橡木桶，班個人則偏愛洋槐木桶，因為它沒有橡木桶沉重的橡木味，不會搶走酒原本的果味與鮮度，反而讓酒注入了洋槐樹的細緻花香，很適合亞爾薩斯的白酒如莉絲琳等。

至於許多大小酒窖也愛使用不鏽鋼桶，主因沒有裝酒的木桶很容易乾掉，加上清洗困難且占空間，而不鏽鋼桶的使用及清洗都很方便，所以受到很多酒廠的青睞，不過也因其不透氣，在其中熟成的酒無法呼吸，故比較適合需要新鮮的酒款。

註3 麥稈酒（Straw Wine，法文為Vin de Paille）

和遲摘酒、冰酒或貴腐酒不同的是，麥稈酒跟採收時間及黴菌都沒關係，而是以手工方式，將採收的葡萄置放在麥稈搭成的棚架上，從10月到翌年2月初約4月的時間曬乾，讓葡萄漸漸脫乾水分，剩下糖分，如此一來，葡萄甜度變得相當高，釀出來的自是香甜無比的美酒。昔日拿破崙在史特拉斯堡喝過當地麥稈酒後，即驚為天人，讚許不已。

然而，由於麥稈酒製程費時又費工，使得這項具有悠久歷史的傳統釀製法逐漸失傳，如今法國僅剩勃根地的朱哈（Jura）區仍可見到麥稈酒。不過，班則自詡自己為振興亞爾薩斯麥稈葡萄酒的先驅者之一，因為1997年時，他開始嘗試釀製麥稈酒，揉合莉絲琳、古烏茲塔明娜、灰皮諾3種葡萄品種釀製而成，那宛若琥珀的色澤，透露著其非凡的深度，更具有相當醇厚度和無與倫比的冷靜度，因此他為這款酒取了「維納斯的眼淚」（Les Larmes de Vénus）。

「這真是傑作！」法國一位極為優秀的釀酒師在品嘗過後，如此讚嘆著。此外，他的2005年麥稈酒更贏得2009年「莉絲琳世界金牌獎」（Riesling du Monde 2009），評審給了90/100的分數，並如此評價著：「色澤金黃亮麗，在鼻尖則有著全然綻放的玫瑰花香，同時融合了燻香及馥郁的香料氣息，味蕾上有著複雜的口感，包括有木香、蜜糖、丁香、山百合，融合演化成極具異國氣息的果香。」

釀酒是工作更是藝術，需要靠釀酒師的經驗與直覺，根據當年採收狀況去做判斷，方能釀出美酒。

自己在家也可釀酒！班大師傳授輕鬆簡易秘訣

還記得小時候，爸爸曾試著在家裡自釀葡萄酒，當然最後成效如何不言可喻，但我很好奇的是，真有可能在自家釀出像樣的葡萄酒嗎？班趁機透露了在家輕鬆簡單的釀酒步驟，有興趣的人不妨可照著試試看。

白酒自釀法

Step1 選擇葡萄

首先選擇適合釀酒的葡萄，通常食用葡萄都太大，最好挑選小顆一點，如此葡萄皮的比例較多，釀出的葡萄酒才能夠甜中帶酸且果味芳香、味道也會比較豐富，此外，種籽也最好選擇咖啡色而非綠色，因為綠色種籽代表過於早熟，品質較不好。而白酒當然最好選白葡萄，記住，買回家的葡萄千萬不要洗，因為這麼一來會把外皮酵母菌洗掉唷！

Step2 榨汁

將整串葡萄一起榨汁，建議可以加入20%葡萄乾，讓味道濃郁些。

Step3 靜置

將所榨出來的葡萄汁，靜置於攝氏25度的室溫內2天左右，再裝進容器內。由於發酵時會生出許多泡沫，故只需要裝到8分滿，務必拴緊蓋子以免過多空氣跑進去。

Step4 發酵

基本上，2天後葡萄汁就會開始發酵，泡沫也會開始湧現，此時，就要將容器移到約攝氏18度較冷之處，否則溫度過高會造成發酵太快，讓酒缺乏優雅細緻的香氣和果味，發酵時間約為3天到3週不等，端視酵母菌狀況，這期間，為了讓酵母可以接觸空氣，得以繼續呼吸發酵，每天都得打開蓋子攪拌個一兩次，一次持續2分鐘（小心別讓蒼蠅蚊蟲跑進去，否則恐產生細菌，若細菌多過酵母菌的話，很可能葡萄酒做不成，反倒變成了葡萄醋）。當氣泡消失之時，代表已發酵完成，葡萄汁已成為酒精濃度大約13度的葡萄酒了。

Step5 冷藏

最後，將酒放入冰箱以攝氏0～10度溫度冷藏約4～5天，使其冷卻，用意在使雜質沉澱至底，讓酒變得清澈，接著就可以裝瓶了（任何瓶子甚至可口可樂瓶都可，裝瓶時要注意不要讓雜質跑進去，因為雜質過多或發酵不完全，都可能讓酒在瓶內繼續發酵而造成瓶身爆炸），裝瓶後，一定要用蓋子蓋緊，置放於陰冷之處，大約1個月後就能喝自釀葡萄酒了。

由於自製白酒沒加二氧化硫，容易氧化，所以最好趁先新鮮飲用，不需陳放太久。如果想要喝較甜的酒，不妨在榨汁後，先行取些葡萄汁冷凍起來，避免發酵，之後在直接混入酒中喝即可。

紅酒自釀法

Step1 選擇葡萄

紅酒只能選紅皮葡萄，不需清洗。

Step2 第一次榨汁&發酵

先去枝梗，即將葡萄一顆顆拔下來再榨汁，不過只需稍稍榨汁將果皮壓破即可，之後連皮及籽一起浸泡發酵，這兩樣都是單寧酸的重要來源。

Step3 第二次榨汁&發酵

當開始發酵到約第10天，則可以進行第二次榨汁，這次必須完全榨乾同時去皮去籽，再使其發酵，直到發酵完成為止即可，平均1公斤葡萄大約可以釀造出70毫升的葡萄酒。

Champagne、Crémant、Sparking Wine

我在內文中提到的釀酒內容，都是以靜態酒為主，至於動態酒即為眾所皆知的香檳了。除香檳區所生產的稱為香檳外，法國其他地區管叫Crémant，英語則為Sparking Wine，至於Mousseux則是便宜的日常氣泡餐酒。

氣泡酒釀製過程比靜態酒更為繁複，但正因這繁複手續賦予了它無與倫比的魅力，這也是為何氣泡酒一直在葡萄酒市場上歷久不衰，擁有無可取代之地位。

我會這麼說，實有憑據，你知道嗎？班賣得最夯的酒不是莉絲琳，也非古烏茲塔明娜，卻是Crémant！除了遵照傳統香檳釀造法，品質有保障，但價格卻只有香檳區的1/4外，歐洲人對於氣泡酒還真情有獨鍾，宴客時的Welcome Drink要來一瓶，結婚或特殊紀念日時也不忘喝一杯、贏了比賽或有值得慶祝的事情時更需要它來助興，而新年倒數之夜更少不了它……，讓開瓶時那「啵」的一聲激昂了情緒，讓不斷湧現的氣泡歡愉了氣氛，氣泡酒，不僅是酒，更成為快樂的代名詞。

遵循香檳傳統釀製法的氣泡酒，需分兩次發酵，首先在酒桶內發酵約6個月，再裝入瓶中繼續發酵，需要約1年時間。因為發酵完成後，瓶中會留下許多渣滓，此時，就需要將酒瓶口斜插入圓洞中，每天以順時針或逆時針方向轉個90度，讓渣滓漸漸向瓶口處集中，轉瓶需要熟練功夫，動作敏捷，腕力跟臂力也要夠，兩手同時各轉一瓶，而班的轉瓶速度也讓我大為驚嘆，往往我才剛轉了個10來瓶，而他居然彈指之間，就轉了上百瓶。他說，若像他如此熟稔，平均6分鐘可以轉上千瓶！但，正因手工轉瓶耗時耗力，很多大型香檳區酒廠都採用機器來轉。

當所有渣滓全部集中於瓶口處後，需將約2公分的渣滓以特殊急速冷凍機器去之，而這短少的2公分空間則以果糖（果糖多寡視釀酒師要的是不甜或是甜的氣泡酒而定）及葡萄烈酒來代替，最後上氣泡酒特有的軟木塞及鐵環即大功告成。至於一些劣質的氣泡酒或日常餐酒，則是捨棄瓶中發酵，改像製造可樂一樣，直接將二氧化碳打入瓶中，藉此產生碳酸鈣氣泡。

氣泡酒需要轉瓶藉以清除瓶內渣漬。

葡萄酒是瓶裝的詩意
閱讀可以為葡萄酒加分？

╳ 黃素玉｜台北閱讀記

釀酒，雖然有一定的公式可循，卻沒有絕對的準則，可以保證讓人釀出一瓶好酒；閱讀，雖然只是用眼睛去看去理解，牽動的卻是潛伏在腦海裡、所有理性與感性的記憶，因此，書讀得愈多、輸入與輸出的知識愈豐富、貯存與召喚出來的感官印象愈精采，但一樣不能保證，你將愈懂得如何去品酒。

許多人走進葡萄酒大門的初期，都是透過閱讀來自我進修，我也不例外，拜讀了一些名人的專業書籍（註1），覺得累了，就去看比較輕鬆的漫畫（註2），讀到一些特殊的人事物，比如羅伯帕克（Robert Parker，全世界影響力最深遠的酒評家之一）（註3）這位傳奇人物所創的百分評量表時，也會好奇地上網去搜尋、買來相關書籍閱讀。好一陣子後，多少擁有一些基本功，在喝酒時，比較不會犯一些貽笑大方的錯誤，在聊酒經時不至於鴨子聽雷、回應得太過心虛。

用心求證所讀的資訊

然而，有時候我卻發覺有些理論似是而非、有些說法太過武斷、有些建議有些奇怪，更何況網路上抄來抄去的文章漏洞百出，讀得愈多、疑問就愈多，所以我不斷地在MSN上向你家的班提問，也經常藉由自己實際採訪、品飲的過程來應證讀到的所有資訊。

於是，我從閱讀中學習到的心得是：葡萄酒的世界是一個龐大複雜的有機體，裡面有一定的規則，卻也有不少的例外，想要了解相關的規則，最好是勤讀書、勤上網、勤記憶，才能夠掌握個大概，至於例外的情形，則必須靠自己去多問多喝，才不會人云亦云，才可能累積足夠的經驗來判斷，才可能有這樣的機緣與「意外的驚喜」相遇，進而，讓自己的眼界大開。

用情感來為酒加味

還記得有一本書中提到：羅伯帕克很喜歡攝影，但他雖然經常拜訪歐美各個酒鄉，卻從來沒有拍過一張葡萄園或是酒莊的照片，因為他覺得葡萄酒的重點是瓶內盛裝的液體，其他都不具任何意義。

也許我真的是普通人吧？我反而覺得瓶內盛裝的液體只是結果，而成就一瓶酒的過程更有趣，所以，相對於那些必須用力「啃」的書，我更愛閱讀介紹酒鄉人事物的文章，喜歡看人物、風景、酒窖、酒標等等的照片，因為透過文和圖可以激發我的想像，讓其中的故事幻化為腦海裡鮮活的聲光影像，有氣

味、有溫度、有情節，讓「風土條件」不再只是硬梆梆的說法，而是可以流進嘴裡、透過感官來「閱讀」的資訊，讓我在喝酒時更有「旅行」的感覺，還多了一種看世界的角度。

我完全贊成你說的：葡萄酒的確具有靈魂，而酒農及釀酒師，正是那賦予葡萄酒靈魂深度的元神，即葡萄酒三元素「天地人」中的「人」。

當我讀到你的釀酒記時，我好像看到你正好奇地圍在班的身旁問東問西，好像感覺到酒窖的陰冷、聽到酒發酵時傳來咕嚕咕嚕的聲音，好像聞到撲鼻而來酒香，哈，等我有機會品嘗到班釀的酒時，我想，這些因為讀了你的文章所引發出來的fu，絕對會讓你家的酒加分加味。

一瓶有故事的酒，喝起來更有fu更好喝。

黃素玉的閱讀筆記本

註1 專家的葡萄酒書目

《葡萄酒入門》：Kevin Zraly著、劉鉅堂譯，聯經出版。作者是世界知名的葡萄酒專家，多年來負責訓練美國餐廳的葡萄酒從業員，作者則是國內數一數二的葡萄酒達人，本書涵蓋了入門者想要知道的資訊，包括重要酒區的介紹、購買策略、餐廳禮儀、如何品酒、美食與美酒的搭配，以及葡萄酒辭彙。

《稀世珍釀——世界百大葡萄酒》：陳新民著，陳新民出版。作者除了以個人多年品酒經驗出發之外，還參考了3位知名法國葡萄酒名人所著的《瓊漿》（Edle Tropfen）、德文英文的酒書及專業葡萄酒雜誌，內容紮實，是有心想要了解世界上最頂級紅白酒者的必備參考書。

《葡萄酒全書》：林裕森著，積木文化出版。這本書，是作者累積十幾年苦功、跑遍世界各葡萄酒產區之後，所完成的作品。內容完整詳盡，除了介紹葡萄酒必備知識、變遷中的全球葡萄酒最新趨勢之外，還加上各人的長年觀察心得，深入淺出的文字，讓入門者、愛好者都受益良多。

註2 葡萄酒相關的漫畫

《神之雫》：亞樹直原作、沖本秀作畫，尖端出版。這本日本漫畫，在日本、韓國、香港、台灣等地的葡萄酒愛好者心裡，可說是趣味版的葡萄酒聖經，不但成為許多愛酒人的精神食糧、供酒餐廳的必備藏書，更是許多進口葡萄酒業者的參考書，就連向來以葡萄酒王國自稱的法國，也在2008年出版了法文版。

葡萄酒相關的漫畫圖書。

《葡萄酒入門》、《法國葡萄酒》講座：弘兼憲史著，積木文化出版。作者是日本極具知名度的漫畫家，但與其說這本書是漫畫，還不如說它更像是一篇篇有主題的短文，配上有對話的插圖，內容除了淺顯易懂的葡萄酒專業知識和常識外，還有他多年飲酒的心得。

註3 羅伯帕克（Robert M・Parker）

從1980年代一直到現在，不管是尊敬他為葡萄酒教父的族群，或者不贊同他甚至極端厭惡他的人都無法否認：出生於1947年、從小喝可口可樂長大的羅伯・帕克是葡萄酒世界中，最具全球知名度的人士之一。

1977年帕克和好友發行了《葡萄酒代言人》（Wine Spectator，創刊號原名為巴爾的摩－華盛頓之葡萄酒代言人The Baltimore-Washington Wine Advocate），並開創了眾所皆知的百分評量表：每一瓶酒都有基本出席分50分，接著是顏色與外觀占5分、香氣占15分、味道與餘韻占20分、整體表現與陳年潛力占10分。

說起他的崛起，必須提到1982年，他在波爾多新酒品嘗會上遇到了心目中的世紀佳釀，在諸多知名品酒人不看好之下，卻還是獨排眾議並大膽預言：「完美的82年，部分產品終將成為世紀最好的葡萄酒。」

所謂波爾多新酒，指的是還在橡木桶蘊釀培養，還未熟成、裝瓶的酒，一般來說，此時的酒因為太年輕了，口感粗糙、單寧過重、酸澀到難以下嚥，但是82年卻非常不一樣，酒精含量雖高、口感卻頗為醇厚，雖有惱人的單寧，卻帶有多樣的果香。但，正是因為不一樣，許多人持不一樣看法，就連當地酒莊主人都不能百分百確定在經過陳放後，這年份的酒是否會愈來愈好。

帕克對自己的判斷相當自信，事後證明，他是對的，於是，他終於等到了人生最重要的契機，不但讓刊物的訂戶暴增，讓信他的人（包括酒莊、進口商，以及消費者）海撈一筆，更讓自己成為葡萄酒國度的一方之霸，從此名利雙收。

喜歡他的人，是因為百分表一目了然，試酒筆記的用語直截了當，不需要硬生生地去背頌各種產區、酒莊名稱、年份好壞，只要參考他的評分，再掂掂自己的荷包，就可以輕鬆地買到一瓶不錯的酒；追隨他的業者則肇因於有利可圖，只要查得到Wine Spectator（WS）、帕克給的評分，並且分數還不錯時，就一定會刻意地在各種酒類刊物、資訊、酒款目錄裡，附上（WS）的標記，分數愈高，標示得愈是明顯。只是，這種唯他馬首是瞻的結果，有時卻也造成了「帕克評分90分以下的酒，沒人買；90分以上的酒，買不起或買不到」的特殊現象。

當然討厭他的人也不少，有人覺得他的百分評量表太過粗糙，忽略了一瓶酒背後的文化、歷史傳承，以及人的故事；有人覺得他是造成葡萄酒口味全球化的原兇，因為他的權勢愈是高漲，愈多人跟隨，對葡萄酒市場的影響力愈不容輕忽，讓酒莊在釀酒時愈是無法堅持各自的特色，只能愈來愈投其所好，於是乎，不同國家、不同地區、不同酒莊所釀的酒竟然都像帕克偏愛的樣子：深濃色澤、豐富的果香與厚重的口感。

直至現今，關於他的評價還是正反都有、壁壘分明，但不可諱言的是，一般人唯一記住的世紀佳釀就是1982年的波爾多，而置身葡萄酒國度的人，就算不贊成他，卻無法完全地漠視他，就連法國知名酒莊的主人再不屑他，遇到自家產品被他評為低分時，都要或急或氣得跳腳哩。

參考書目

《葡萄酒教父　羅伯帕克》

艾倫・麥考伊（Elin McCoy）著，財信出版社。作者本身就是資深的葡萄酒專欄作家，她在1981年認識帕克，成為他的雜誌編輯，親眼見識到帕克如何攀升到現今如日中天的地位。本書透過帕克的傳記，詳述了葡萄酒文化的變遷。

＊羅伯帕克的網站：http://www.winespectator.com/

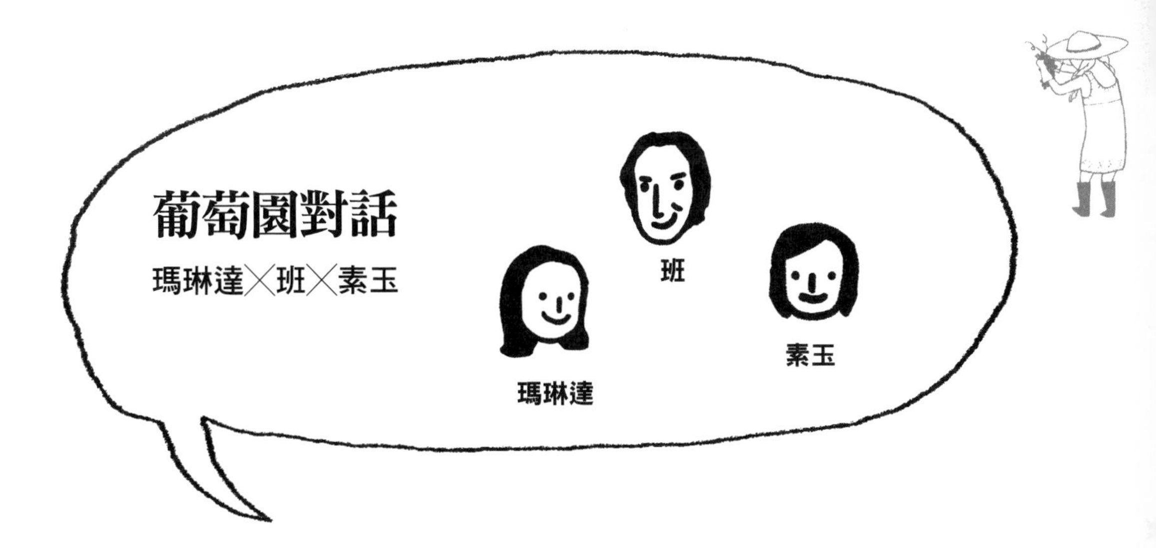

瑪琳達：「葡萄酒定義為何？」

班：「根據法國法令規定，所謂葡萄酒，一定是由百分之百的葡萄原汁釀製而成，同時禁止使用酒精、香精、糖精等添加劑來進行勾兌，不過，就我所知，部分新世界如美國規定較寬鬆，允許酒農可以在葡萄原汁添加10%的水釀製葡萄酒。」

素玉：「嚴禁加糖精，那加糖呢？我好像聽說有些國家、地區，會允許添加糖份？」

班：「新世界國家允許加糖，至於法國，應該這麼說，當遇上歉收年份的時候，若葡萄含糖分太低，像是只有9度的話，法令是允許北部如亞爾薩斯產區的酒農加糖，這就好像允許南部酒農可添加果酸，不過僅限添加於發酵前的葡萄原汁，嚴禁於發酵後成為葡萄酒時才加，至於添加劑量則也有限制，只能加半度到1度左右。」

瑪琳達：「那白酒一定是白葡萄、紅酒一定是紅葡萄釀製的嗎？」

班：「不少人錯覺白酒是白葡萄去皮去籽、而紅酒為紅葡萄連皮帶籽釀製而成，實際上，白酒跟葡萄顏色無關，可以是白或紅葡萄，做法是將採收下來的整顆葡萄連皮帶籽，立刻榨汁，再用所得的汁液來發酵釀酒，像是香檳中最常見的Blanc de Noir，就是以白葡萄夏多內為主，加上去皮的紅葡萄黑皮諾、Pinot Meunier混釀而成，另外，也有酒農將紅葡萄直接榨汁釀成白酒，不過多少沾染了一點皮色，故酒色要比一般白葡萄釀的白酒還要深，有時還會帶點淡淡的粉色或橘色。至於紅酒則是由紅葡萄連皮帶籽先浸泡發酵約3天到3週不等，待其釋出單寧及紅色素後再榨汁釀製。」

瑪琳達：「Blanc de Noir中文譯為『黑中白』，另外一種是Blanc de Blanc中文譯為『白中白』香檳，用的就是百分百的白葡萄品種夏多內，相對比較少見，通常都會在酒標上特別標示出來。我也曾喝過黑皮諾釀製的白酒，不過，我個人認為，黑皮諾白酒無論口感和香氣，都沒有釀製成紅酒來得香醇濃郁。」

素玉：「的確，我在有些書上讀到不少似是而非的說法，聽你們一講才了解，兩者用的都是整顆葡萄，最大的差別在於紅酒是先浸泡發酵後再榨汁、白酒是先榨汁後再發酵。因為葡萄皮及籽含有豐富的單寧，相較而言，先經過浸泡過的紅酒、單寧多些，直接榨汁的白酒、單寧少些。單寧具有澀味及讓酒耐久存的功能，其澀味不但會和果糖的甜、果酸的酸相互作用，還會隨著時間而不斷地產生變化，創造出獨特而立體的口感。」

素玉：「我記得好像讀過一些報導，釀製紅酒時，有時若怕單寧不足，有人甚至會添加一些葡萄的枝梗下去釀酒，是真的嗎？」

班：「就我所知，的確有些酒莊如隆河地區，他們會連枝梗一起釀酒，不

過80%以上酒農會把枝梗去掉，只剩葡萄粒，否則釀出來的酒單寧會太重，口感會太澀，不是一般人所能接受的，像我在採收黑皮諾後，會先用一種專門機器快速將所有枝梗去掉後再浸泡。」

瑪琳達：「提到紅酒讓我想到，紅酒也可像白酒一樣做甜酒嗎？」

班：「一些特殊的品種是可以，像是隆河地區（Cote du Rhone）或義大利某些區就有生產甜紅酒。甜紅酒釀製方法一則因採收時糖分過高，所以發酵完成後難免會有剩餘糖份，另一種方法則是發酵到一半時強迫停止發酵，如此自然會有剩餘糖份，口感較甜，不過相對酒精成份會較低。」

素玉：「你喝過甜的紅酒嗎？」

瑪琳達：「真是巧！白天才問班這問題，晚上竟因緣際會地嘗到了義大利的甜紅酒，酒精成份果然較低僅有8%，甜甜的紅酒，對我來說就像是喝到鹹的果汁一樣『怪』，還真不太習慣。」

瑪琳達：「天熱時我喜歡喝冰涼的粉紅酒，不管是色澤或口感都很清爽，不過粉紅酒是怎麼釀成的？是紅酒和白酒混合而成的嗎？為何有些不是粉紅色而是橘色？」

班：「別的國家或許有可能以紅白酒相混成粉紅酒，不過法國可不准紅白酒混成粉紅酒出售。粉紅酒基本釀法有三種，一是將紅葡萄直接先行榨汁，可以得到色澤清晰、非常clear的粉紅酒；另一種是採連皮浸泡方式，從3小時到3天不等，看需要顏色而定，若想要較深的粉紅酒，那浸泡時間越久，單寧也越高，像我的粉紅酒就會浸泡3天，顏色已接近紅色；最後一種是釀製紅酒時，在第1天或3天內取出部分酒汁作粉紅酒，由於酒汁變少，葡萄皮分毫未少地仍在發酵，因此剩餘紅酒的顏色會更深，而有些因浸泡時間太短，顏色就變成了橘色，有時則是因品種不同會有色差，而粉紅酒時酒精成分較低，大約10度左右，比較清淡，所以許多女生都很愛喝。」

素玉：「還有一些賣相很好的粉紅香檳，就是用較多量的黑皮諾、略少量的夏多內，以及一點點Pinot Meunier，再添加少許紅葡萄酒釀製而成的。」

瑪琳達：「我想除了酒精和甜度原因外，粉紅色看起來就很浪漫、夢幻，難怪成為許多女人的最愛！」

素玉：「聽說，還有黃色的葡萄酒噢？」

瑪琳達：「我知道在法國勃根地附近朱哈區，有一款全世界獨一無二的黃葡萄酒《Vin Jaune》，這可不是中國的黃酒喲！至於色澤為何如此金黃？我想班比較清楚。」

班：黃酒採用莎瓦涅（Savagnin）白葡萄品種所釀造，通常要到10月底，果實更為成熟甜美時才會採收，之後放進橡木桶裡儲存6年以上，除這種葡萄的顏色本身就偏黃外，還有不『添桶』的特殊作法，讓它的酒液呈現出有別於一般白酒的黃色。

何謂『添桶』？指的是葡萄酒在橡木桶內熟成時，因為橡木桶具有透氣性，一段時日下來，酒精難免會揮發流失，為了避免酒因接觸空氣面積過大，加速氧化而變質，每隔一段時間就必須補上流失掉的酒。但莎瓦涅擁有特殊酵母菌，可讓液面上產生一層薄膜（或稱酒花或稱酒花 flor，學名為Saccharomyces cerevisiae），有效降低酒與空氣的接觸，因此並不會刻意進行補酒的程序。雖說如此，酒液還是會慢慢揮發，最後甚至會流失掉約1/3，即100公升的酒僅剩下約62公升，因此，酒精越少、葡萄本身顏色就越顯著，加上橡木的影響，讓這款酒變成了金黃色。

釀製法不同外，黃酒所使用的克拉芙蘭（Clavelin）瓶，也有別於一般0.75公升的瓶裝，為0.62公升，其口感複雜集中，有著堅果、蜜蜂、核桃、烤焦麵包、香草味，非常適合陳放，價格當然不便宜，是一般葡萄酒的3倍以上

瑪琳達：「我曾在品酒會中品嘗過黃酒，其特殊口感、濃郁強烈的酒體，的確令人印象深刻，不過，或許我個人偏愛清新果香的甜白酒，黃酒對我來說稍重了些！」

素玉：「除了黃酒外，還有什麼特殊的葡萄酒嗎？」

班：「聽過『半發酵酒』（Vin Bourru）嗎？它可是要比薄酒萊還要早上市出售的葡萄酒噢！所謂半發酵酒，即發酵到一半的酒，不過一般取的是白酒，在亞爾薩斯及德國，半發酵酒多數為斯萬娜白酒，紅酒則因此時還很苦澀故較少見，酒精度大約只有一般酒的一半約4～7度，成份為半汁半酒，因為未經過濾，顏色混濁，不過低酒精度加上仍有5～6度左右的剩餘糖份，帶些甜味，所以擁有不少死忠粉絲就愛這味，這種酒多半是在採收季節後的10～11月中才喝得到，故又稱為『季節限定酒』。每逢這段時間，經常可以見到許多人提著桶子到酒窖裡買半發酵酒回家品嘗，不過，並非所有酒窖都可以出售這種酒，必須領有執照的酒莊裡才能供應，因為在法國，酒農不管賣什麼都要執照，即使出售葡萄汁亦然！採收期間，如果在酒莊門外看見掛著『Vente Jus de Raisin』的招牌，就表示這家酒莊可以合法地出售新鮮且百分百的葡萄原汁。

瑪琳達：「我曾經多次在自家酒窖中嘗過這種酒，不過只在德國餐廳喝過一次。特別提醒的是，喝半發酵酒得小心兩件事情，一因這酒尚在發酵中，也就是說其中仍含有二氧化碳，就像氣泡酒一樣，不要喝太多，否則會消化不良，另外，因酒中仍有許多活酵母菌，喝多了，嗯，小心會一直跑廁所！」

素玉：「就我所知，釀酒時酒中含有許多酵母菌和雜質，要如何去除雜質使酒乾淨透明？」

班：「傳統的做法，通常是以濾紙及矽藻碎粒來濾淨酒中的雜質，大公司則用大型機器Tangentille，用離心過濾法來過濾，如此雖然可去除較多雜質和死酵母菌，不過相對酒成份也會流失不少；至於紅酒，有時會放入蛋白來過濾，如此做法將會使單寧變得柔和些，此時酒標上就必須標示出來，提醒有蛋白過敏體質者。

由於所有過濾方式難免都會讓酒中部分成份流失掉，減損其豐富度，因此，有些酒農會刻意使用較大洞孔來過濾，但又會讓酒中雜質變得過多，甚至造成瓶內二度發酵的疑慮。」

Chapter 3

品酒課VS.品酒會

你在亞爾薩斯

戰戰兢兢地上著專業的法文品酒課

我在台北

呼朋引伴地參加氣氛愉悅的的品酒會

瑪琳達&黃素玉　亞爾薩斯VS.台北

用品酒課與品酒會 各自為葡萄酒的喉韻下了最真心的註腳

我的法文品酒課
媽媽，你怎麼沒給我生個靈敏的狗鼻子？

╳ 瑪琳達｜亞爾薩斯品酒課

「帶著六個品酒專用酒杯，跟一顆惶恐的心，我打開了品酒課的大門，裡面坐著十來位學生，和看來頗為『愛因斯坦』的老師，桌前則擺滿了水瓶及酒瓶，大家看到我這東方女子，不經意地露出了些許驚訝的表情，我挑了一個角落的位置坐了下來，這是我品酒的第一堂課。」

這兩年來，因地利之便，喝了許多葡萄品種所釀的酒，也喝了來自新舊世界五花八門的各種酒款，紅酒、白酒、粉紅酒、氣泡酒、新酒、老酒、有機酒，甚至包括一甲子前、二次世界大戰時留下來的紅酒，其中最教我印象深刻的則是黑皮諾，每次品嘗，總為那充滿紅色漿果味的氣息、圓潤而不澀的單寧酸，以及在喉間久久縈繞不散的深長尾韻而深深著迷。

當然，我也開始正式接觸所謂的「品酒」功夫，沒想到愈學愈覺不足，總覺得喝酒容易，品酒卻難，尤其對我這個門外漢來說，更是常常遭遇瓶頸，不過，漸漸地，我開始抓住一些訣竅，最終發現，其實，品酒並沒有想像中的困難，不是我功力突飛猛進，其中緣由，待我慢慢為你分曉。

帶著酒杯上課去

還記得那是秋末的某天下午，班如往常拆閱著當天的信件，其中一封CIVA（亞爾薩斯葡萄酒協會）每月固定寄給酒農們的會訊，他看了看便隨手擱在一旁，閒來無事，我拿起來瞧瞧，一則品酒課程招生啟事吸引了我，上面寫著一月底開課，為期3個月，共12堂課程，分為初、中、高三等級，價格為250歐元。其中的初級班上課內容則包括了認識葡萄酒、亞爾薩斯葡萄品種、品酒入

門等等。經由班解釋，我才知道這是專為從事葡萄酒相關行業者所量身打造的課程，課程結束後，可參加由CIVA主辦的品酒資格檢定，通過者將可獲得證書並晉級，如果一路過關斬將，通過高級鑑定考試，恭喜你，你已經出師了，可以成為葡萄酒專業人士。

聽班這麼說，激起了我的興趣，本來嘛！深入寶山怎可空手而返？我本來就想在品酒方面增長見識，如今這專為業界開的入門課程，不啻為天賜良機，讓我得以在法國酒鄉學習正統的品酒功夫，於是催促班幫我報名。等到報了名後，心中許多問號卻一一浮現，「我行嗎？」、「我法文不好，又不懂酒，怎麼跟人家學品酒？」、「萬一上課鴨子聽雷怎麼辦？」、「萬一老師問我，我卻一問三不知，不是很丟臉？」、「萬一考試沒過怎麼辦？」太多的問號，使我愈來愈退卻。

喝水喝出大學問

「品酒」，對我而言曾是個陌生的字眼，勉強觸著了邊，不過就是以往總喜歡拿上一、兩瓶好酒外帶幾款相配的起司，找上幾位好友共享之。那時我們喜歡一邊喝酒，一邊對酒「品頭論足」一番，不過多半只是蜻蜓點水，直至後來，對葡萄酒產生興趣的我，才開始涉獵品酒這玩意，並且購買許多坊間的相關書籍，當然也包括號稱「葡萄酒聖經」的日本連環漫畫《神之雫》。

然而，對我這初入門的葡萄酒新生來說，書中許多專有名詞已是詰屈聱牙、深奧難懂，許多形容詞更是只能憑空想像，更何況，這次上的還是講法文的品酒課（當時法文程度尚停留在幼稚園程度），一則語言不通，二則為品酒外行人，這雙重困難讓我踟躕不前。

展開課程前夕，為了讓我不怯場，班這麼跟我說：「別擔心啦！就當去上品酒課跟法文課，一舉兩得，不是賺到了？而且，我以前也去上過他們的品酒課程，很簡單，反正就從喝水開始！」

「從喝水開始？」瞧他講得一派輕鬆，我倒是很納悶。

沒想到，品酒的第一堂課，果真是從「喝水」開始。「喝水」乍聽起來好像很簡單，不過就是喝水嘛！然而，當老師分別為我們倒上5杯水，並要我們喝喝看有什麼不同時，我才恍悟其中道理。這些看似澄澈通透的水，分別加了「些微」（一公升水中僅放約5克之微）的鹽、糖、檸檬、鐵，我們得要從這極度些微差異中，觀其色、聞其氣及嘗其味而辨之，這是訓練視覺、嗅覺及味覺的基礎功夫，而品酒正需要如此敏銳的感官。

接下來的12堂課，我們除了繼續喝著水之外，還有認識葡萄酒發酵過程中會出什麼狀況？造成怎樣的問題酒？另外更逐一認識亞爾薩斯的主要葡萄品種（註1）及其釀製的酒，同時也按部就班地學習如何品酒，如何不斷地從一杯杯盲飲（註2）中辨別葡萄品種、乾甜、年份、試飲期、適搭的菜色，甚至價格等等，還有如何用精確且完整的語言做酒評。

品酒第一步驟～外觀

品酒第一步驟就是要會察「顏」觀色。先從外觀包括其色澤、眼淚、酒緣開始，若想要看得更清楚，可以拿一張白紙做背景，或在燈光下察看。

一開始，大家僅能說出「黃色」（Jaune）、「紅色」（Rouge）如此簡單字彙，「是呀！」我心裡想：「白酒怎麼看不就是黃色《我一直很好奇為何不叫黃酒，而是白酒？》，而紅酒不就是紅色嘛！」

不過，漸漸地，我們開始學用更多的字彙來形容，其實依年份及品種，白酒的黃可分為許多層次，包括「蒼白黃」、「淡黃」、「亮黃」、「金黃」、「橙黃」、「琥珀黃」，至於紅酒則有「粉紅」、「淡紅」、「橘紅」、「血紅」、「淺紫紅」、「深紫紅」、「琥珀紅」等等，除了酒色之外，還得依清濁度（較常適用於白酒之上）再細分為「混濁」、「清楚」、「透澈」及「明亮」程度。

那緩緩流下的眼淚

再來就是要搖晃酒杯了，如此做，除了讓酒接觸空氣，使香氣散發出來之外，還可以藉此觀察酒的眼淚。一般來說，只要稍微搖晃酒杯，就能看見透明的液體沿著杯壁流下，法國人稱其為「眼淚」（larmes），台灣則稱之為「美人腿」，不管是淚還是腿，若見其流下來速度緩慢，即為酒體較「厚」、年份較久的酒，反之，若流下來的速度過快，或是一滴眼淚也沒有，顯示這酒沒歷經世事滄桑，太年輕了些，酒體也過輕，恐尚未到達適飲期。

那薄薄的一圈

另外，酒體渾厚與否，也可從酒緣（Rim）觀察出來。所謂「酒緣」，即將酒杯傾斜後，介於酒體於酒杯之間那薄薄一圈，對白酒來說，酒緣顏色愈深、酒體愈厚，而紅酒則是顏色愈淺、酒體愈厚，一般來說，酒體愈厚者、年份也較久。總而言之，從酒色、眼淚及酒緣，可以大略窺出該酒是否上了年紀、酒體厚實與否。

品酒第二步驟～香氣

品酒第二步驟即為分辨香氣。果香及花香為葡萄酒的主要香氣基調，另外，依葡萄品種、生長地質、發酵過程及陳放環境等，還可能產生蜜餞、蜂蜜、焦糖、可可、芬多精、蕈菇、麝香、胡椒、香料、煙燻、礦物、石油、皮革、橡木、烤麵包、松脂味等等氣味，不一而足，細分來至少有上百種，多樣複雜，這正是品酒有趣之處，

聞香最好不過三

之前所談的是外觀，所謂「眼見為憑」，依據親眼所見來評論倒也不難，然而，第二階段的嗅覺訓練，可真是難倒我了！因為，對於初學者如我而言，要從其中找出符合以上所敘的氣味，真是一大考驗。

欲聞香氣，酒僅需倒1/3杯滿即可，先以旋轉方式搖晃酒杯，使香氣散發出來，再拿起酒杯呈45度角，如此酒接觸空氣的介面最大，接著把鼻子湊進酒杯裡聞（這一點我可要抗議了！外國人本就鼻子瘦長，很容易伸進杯中聞個仔細，而天生大蒜鼻如我，卻有隔靴搔癢之感，總覺得聞不出個究竟），再從其中一一抽離出各種不同的香味形容之。

通常我們會先聞一次，腦海中開始浮現其香氣之原生景像，此時說出第一嗅覺感（premiere au nez），這是對酒的第一印象；接著再搖晃酒杯，並敘述第二嗅覺感（deuxieme au nez），此時因酒接觸較多的空氣，香氣更加綻開，且更為複雜了。為了確定香氣為何，我們總愛不斷地聞香，企圖嗅出個所以然，不過，我們老師可不贊同，他說，聞太多次酒其實會造成嗅覺麻痺，也會錯亂原有的想法，因為第一嗅覺往往就是最真實的感受，不需過度聞香藉以尋找一堆無用砌詞，故開課之初，當大家結結巴巴、支吾其詞時，他就常說：「聞不出來就說聞不出，有些酒就是沒啥香味呀！若要硬掰還掰得離譜，那比坦言聞不出來還慘！」

想當品酒家？先當果農吧！

不知道老師此番話是安慰之語，不讓我們喪失信心還是如何，不過我必須承認，我並沒有如漫畫《神之雫》中神咲雫那般靈敏的狗鼻子，以及豐富的想像力；再者，我自認不是天生的水果妹，雖生於號稱「水果王國」的台灣，嘗遍百果，但多僅限於亞熱帶水果，除此，一些常用水果字彙，比如蘋果、水蜜桃、西洋梨、柑橘、櫻桃、檸檬、葡萄柚、哈密瓜等，我還大致能分辨其香氣，但對於歐洲許多寒帶果實卻是素昧平生，比如無花果（Figs）、紫李（或紫香李，Quetsche）、西洋李（或黃香李，Mirabelle）、榲桲（Coing）及各種漿果（如黑醋栗、覆盆子、紅莓、樹莓、黑莓、藍莓等等），這些水果我見也沒見過、聞也沒聞過，卻要我這個來自亞洲的城市鄉巴佬硬掰出來形容香氣，難度實在太高；當然，這些老外偶爾也會用荔枝、香蕉、鳳梨、百香果、芒果等字眼，但終究少數，尤有甚之，經常被一句「熱帶水果」（Exotic Fruties）帶過。

形容香氣的字眼，當然是以西方人的觀點出發。但，我也常常在想，為何沒人用西瓜、芭樂、楊桃、龍眼、榴槤、火龍果、金棗，甚至年糕（不知為何，我竟在許多款酒中聞到那「年糕」和「發糕」般的香甜氣味，是嘴饞了？還是想家了？不過後來我才在無意中知道，那宛若年糕的味道竟是香草之味，且多出現在黑皮諾之中）來形容酒的香氣呢？

水果熟度有3種

就算可以洋洋灑灑以不同果香形容之，卻還不夠精準，因為水果熟度大略分為3種，分別代表酒年份及特色，包括：生澀平淡的未熟果（Fruit Vert），通常泛指較年輕或單寧較重的酒；爽口香甜的熟成果（Fruit Mûr），以屆適飲期或單寧柔順的酒為主；甜蜜馥郁的過熟果（Fruit Trés Mûr），多指甜份較高的酒。

品酒第3步驟～味道

經過視覺及嗅覺訓練後，接下來第三關則是味覺大考驗，也是真正和美酒親密的「肉體」接觸。先輕啜一小口酒，接著以漱口方式咕嚕咕嚕地讓酒液在嘴裡四竄，從舌尖到舌根，再蔓延到喉間，最後入喉。而這美妙的感官體驗，從喉間沿著鼻腔，繾綣昇華至腦門，或化成文字或影像，或僅僅發出「啊！」的讚歎之聲，為這段品酒之旅寫下句點。

宛若微風般的吹拂

和嗅覺訓練一樣，老師要我們分兩階段來形容味覺，第一為舌頭的口感（premiere en bouche），第二為喉間的口感（即上顎之處deuxieme en bouche）。當酒甫入口，會立即感受酒對舌尖味蕾的衝擊（法文稱做「attaque」），是如微風般輕柔吹拂？抑或如狂風般強烈吹襲？通常，若如前者般的輕柔吹拂（attaque souple），意指該酒的酸度（Acidity）適中，溫和順口，沒有苦澀的不安感。酸度為酒最重要本質之一，發酵過程中，其果酸會階段性轉化成酒石酸（註3）、蘋果酸、乳酸。

記得以前學校教過，人的舌頭神經分佈細密，其中舌尖主感甜味，而舌頭兩側神經則接收酸味。當然酸度也分許多種，老師要求我們不能僅以「酸」一言蔽之，而要試著說出像何種酸（是檸檬酸、柑橘酸、醋酸，或是什麼酸？）還有該酸度在嘴裡的感受（是微酸、酸還是酸澀？）以及變化過程如何（是如微風般漸漸在嘴裡散開，還是酸到兩頰發麻？）都需要著墨清楚。

好酒如一場成功的演奏會

成功的第一次接觸時，有經驗者可立判該酒的酸甜澀味，還有平衡感（equilibre，意即酒中的酸度、澀度與甜度均衡與否）、複雜度（complex，口感有層次與否）、特質（qualité，優雅、細緻、圓潤、柔順與否）、結構（charpenté，酒體厚薄、完整與否）；至於上顎的第二接觸感，則得好好感受

班親自示範品酒最重要的功夫觀其色,聞其香和品其味。

一下酒在口中的微妙變化，還有該酒的味覺停留時間長或短？有沒有足夠的喉韻（after taste）？而其最後的尾韻（finish）又是如何？尾韻是悠長、適中或短促？白話一點，就是是否有種令人齒頰留香的感覺？

在我看來，品嘗一瓶好酒就如聆聽一場成功的演奏會，其演奏如行雲流水，其間高潮迭起，絕無冷場，而結尾的最高潮更是撼動人心，令人忍不住高喊「安可」，當演唱會畫下完美句點後，餘音依舊繞樑三日不斷，讓人回味不已。

為賦新詞強說愁

瞧我說得多麼洋洋灑灑，不過你知道嗎？上了幾次的品酒課程後，我還真是挺洩氣的，儘管我曾鬻文維生，品酒時竟說不出個所以然，更遑論從嘴裡蹦出那些專家們和書上常用的豐富詞藻，想自己就算有能耐將所有專有名詞硬背下來了，但當真正開始品酒時，常常搞不清楚究竟有哪些香氣，還有箇中的微妙差異，頂多能分辨好不好喝、順不順口、澀不澀，是乾是甜或香不香，如是而已，最多「東施效顰」那些專業品酒家那般搖頭晃腦，再加上那種「為賦新詞強說愁」的若有所思表情，時而抬頭望酒杯，時而低頭思語詞，其實腦中經常一片空白，只是在想自己待會兒該說什麼「貼切」的形容詞，才不會丟臉。

「或許天生嗅覺及味覺比較遲鈍吧！」我只能這麼認為。

品酒終究不是單一句「好喝」或「很棒」了事，也非隨便編派華麗語詞敷衍，我反覆思考，為何每次在課堂上試著評論酒時，會如此心虛？我心知肚明非語言問題，突然間，我恍悟其中緣由，原來之前硬從我嘴裡冒出的字句，並不是我自己！那些都不是我的親身體驗，是專家、是別人的語言，是別人的感受，只因所學不足，只因害怕丟臉，我強迫自己依樣畫葫蘆，硬要把別人的評語囫圇吞棗，就好像小孩硬要穿上大人的鞋，走起路來當然搖晃，抓不到方

向，也分不清東南西北！

有這樣的反省後，我了解到應該要用自己的感官體驗，從自我經驗中找出自己的語言，以最真切的感受表達之，誠如品酒老師說：「其實品酒是很主觀的，你喜歡的別人不一定喜歡，反之亦然，沒有所謂錯與對。」

臨陣磨槍不亮也光？

任督二脈雖然已打通，不過讓我品酒「功力」像卜派吃波菜，馬利歐吃蘑菇般瞬間大增的原因，除了頓悟之外，還得歸功於班的考前惡補。大約考前一個月開始，我即不斷「暗示」著班，表示我天生資質魯鈍，考試一定不會過關云云。為了讓我重拾信心，他開始幫我密集惡補，先從「盲飲」著手，把6杯酒（亞爾薩斯6種主要白葡萄品種，當然紅色的黑皮諾除外）一字排開在我眼前，我得靠著色香味一一分辨出葡萄品種，這在品酒課時也訓練過多次，不過總是抓不住訣竅，多半時間只能用猜的。不過現在，班會指出我在盲飲過程中所犯的錯誤，還會仔細對我解說不同葡萄品種釀出的酒會有何特色及差異：

「要辨色當然得先對葡萄『長相』有所了解才行，若是年份差不多、正常時候採收的葡萄品種，釀出來的酒顏色就有差別，你瞧，莉絲琳色澤亮黃漂亮，古烏茲塔明娜和灰皮諾因為皮色較深，酒色自然也比較深，像是琥珀般的金黃色」。因為我經常將莉絲琳和斯萬娜搞混，班索性把這兩杯酒端在我跟前，要我一試再試，並找出其中異同，「你聞聞看，同樣都有果香味，可是莉絲琳就是比較濃，只要深深吸一口，那香氣會一直穿過鼻腔到大腦裡去，不過斯萬娜雖然也清香，但那香氣好像只到鼻腔就嘎然而止，對不對？」

另外我也時常被斯萬娜和白皮諾打敗，班告訴我：「斯萬娜和白皮諾雖然都是酒體較輕的酒，香氣及味道都有淡淡果香味，而不太容易分別，但最大的差異就是白皮諾略帶有一絲蕈菇和香料味。」

閉上眼聆聽葡萄的聲音

儘管班試著用最深入淺出的語言讓我了解，偶而我還是會有小小的抗議：「說得很簡單，不過有時腦袋就是會打結，就是會搞混！」班了解我的心急，於是要我把酒放下：「現在閉上眼睛，想想在葡萄園裡採收時的景象，記不記得那一串串葡萄在你手中的模樣？記不記得你把它們捧起來聞時的香氣？還有記不記得你隨手摘來吃時的那股甜味？很多品酒者沒有像你這麼幸運，可以親身到葡萄園體驗那最初的美好，所以你更要用心，用心去聆聽葡萄的聲音。」

彷彿一語驚醒夢中人，我不再自怨自艾，就在一次次的盲飲中，我和這些酒漸漸產生了感覺和共鳴，在錯誤中學習的我，從一開始用「猜」的，到後來能正確指出每款酒的葡萄品種，除了用感官，其實誠如班所說，更需要用「心」體會每種酒的特質，體會那些不易察覺的細微之處。

酒評一杯決勝負

再來，令我較頭大的是酒評（commentaire）這一項，對一般考生來說，酒評會碰到的兩大難題（我是外加「法文」共三個！），一是不比盲飲時共有6杯酒，若真是不知道，還可用猜猜看、比較法或是消去法 （反正總有瞎貓碰到死耗子的時候），然而酒評可是就這麼一杯酒擺在眼前，沒其他可比較的，你得當機立斷正確辨別出其品種，想想看，如果明明是莉絲琳，你卻誤認為是古烏茲塔明娜（這兩者實在「差很大」），就算你能滔滔不絕，說得天花亂墜，我想如此指鹿為馬，評審也不會讓你輕易過關的吧！所以這可真是「一杯決勝負」；二是接受評審老師「大拷問」，除了完整說明你對該酒的感覺及評語，還得回答評審的各種問題：「你覺得這款酒最大特點是什麼？它可以搭配什麼樣的菜餚？」等等。

一開始，儘管一堆影像及文字在我腦中盤旋，然而那巨大的害怕堵塞了我的所有思緒及語言，我拿著酒杯與班兩兩相對無言半晌，他猛搖頭說：「這可不行！先治好你那要命的考前症候群，再來真不會用法文表達，就用英文吧！我想評審多少都聽得懂的，最重要的，用你自己的感受來表達，不要因為害怕

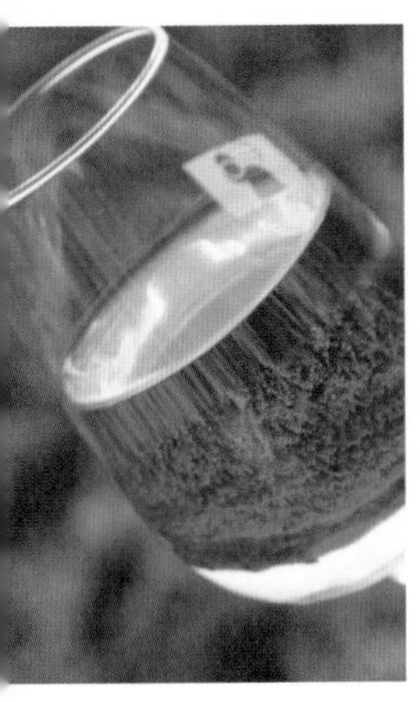

酒評時，必須正確辨別出葡萄的品種，並且回答評審的各種提問。

犯錯或失敗，就不敢向前。」

那是班首次「聆聽」我的酒評，我從他「驚訝中略帶失望」表情中感到不安，「自己說話時都沒有自信的話，怎麼期待評審會相信你呢？」我的魔鬼教練展現了威力，再不斷反覆訓練下，從「不行，不行，再來一次！」一直到「嗯，還不錯，但可以再好些」，到最後，我那英法夾雜的酒評總算讓班點了頭：「我想你已經準備好了！」

終於要赴京趕考

「啊！別擔心啦！考試一點都不難，基本上不要差太多就可以了！當年我考試時還剛好感冒鼻塞，根本聞不太出來什麼款酒，但還是過關啦！」

臨考之前，班又企圖以輕鬆語氣安撫著緊張焦躁的我，還為我猛打強心針：「考試通過當然值得高興，不過不管你會不會考過，在我看來，你的葡萄酒專業知識已經跨前了一大步，這些都是你自己的收穫，不需要考試來證明。」

對我而言，班這番話雖是莫大鼓勵，不過，我還是希望考試能過關，不是為了光耀門楣，而是希望能順利晉級至中級班（此為年度考試，若沒通過那就等明年囉！）。

筆試

懷著揣測不安的心情赴考場，首先是一個小時的筆試，筆試內容分為3大項，第一是三角題，即要我們從3杯酒中找出不同的一杯，如此反覆3次，而那不同的一杯或多或少了一點點的糖或酸等，和另外兩杯間的差異極有可能只有0.2%之微，沒有極為靈敏的味蕾是很難分得出來的；再來則是我比較有把握的一項，那就是辨別亞爾薩斯6大白葡萄品種，還好，主考官給的酒都算基本款，不難分出；最後則是辨別問題酒（Defaults），即如何知道你喝的酒是否變質，且是出自何種原因，這也不會太難，反正類似汽油或強力膠味的是醋酸鹽（Acetate D'ethyle，俗稱「香蕉油」），帶些嗆鼻醋味的是揮發酯（Acetate Volatile），而有強烈嗆鼻刺激味的是二氧化硫（SO_2），有腐蛋、硫磺味道的就是硫化氫（H_2S），類似苦油臭味的則是氧化（Oxidation）。

口試酒評

筆試過後，接著為重點戲「酒評」，我的主考官看起來還算「親切和藹」，他為我斟了一杯酒，然後給我5分鐘時間在旁準備，我戰戰兢兢地拿著這神聖之酒，坐在面壁的位置上開始我的酒評之旅。我舉起酒杯，仔細地端詳了一下，其色澤看起來亮黃清透（Jaune Clear），聞了一下，嗯，有著清新又優雅的果香味，好像是那個……，為了再度確認，我再將鼻子湊近嗅了嗅，「嗯，有成熟蘋果的芳香，沒錯！應該沒錯。」接著我品嘗了一口，那夾雜著蜜餞、柑橘的香氣在我嘴裡散開，久久不散。我快速地在白紙上寫下了Note，之後坐在主考官及副主考官的前面，開始了我的酒評：

「這酒色澤亮黃透澈，毫無雜質，還帶著緩緩流下的眼淚，我相信是一款酒體厚實、品質不錯的適飲酒，而第一嗅覺有著清新的綠蘋果香味，第二嗅覺則有著柑橘及蜜餞的香甜；至於第一味覺可感覺到該酒輕柔吹拂、酸度適中，具有不錯的平衡感，另外有著細緻、優雅、圓潤及多層次複雜口感，第二味覺可感覺該酒結構完整、有著濃郁的喉韻以及悠長的尾韻，我認為這是莉絲琳酒，它的優雅清新口感，很適合搭配亞爾薩斯名菜～酸菜豬肉香腸鍋，另外像

是白酒燉雞，還有各種海鮮都很對味。」

雖然英法夾雜，偶有停頓思考，不過我對我的酒評還算有信心，尤其當我看見兩位考官大人頻頻點頭的模樣，（不知是表贊同，抑或聽不懂我這外國人在說啥而裝懂？）心想應該不至於差太多，心中大石也漸漸放下，不管考得怎樣，總算結束了，現在就等中午時刻的成績揭曉吧！

放下得失再打拼

這次考試學員約有60多人，最後成績揭曉時，僅有17人通過，我相信你一定很好奇我考得怎樣？看著我的成績單，心情有著些許低落，因為怎麼想也想不到，我最後的敗筆，居然是出在筆試第一大題的三角習題，那需要靈感嗅覺及味覺才能辨別那2%差異的酸甜苦辣味，且三題全盤皆墨，所以儘管其他的筆試題，甚至口試成績都還不錯，然而，這一大項全錯，就是過不了關。

當場打了電話跟班說了考試結果，或許是怕我傷心，他以安慰地口吻說：「是唷！還好啦！那三角題本來就很難，而且你的盲飲跟酒評成績都不錯呀，這才是品酒中最重要的項目。」

雖然早有心理準備，不過總是難掩失望，我盡量說服自己，結果不重要，過程所獲才是最可貴的，尤其是我最畏懼的盲飲和酒評都過了關，所以沒關係，我對自己說：「明年再來吧！」

瑪琳達的品酒筆記本

註1 亞爾薩斯七大葡萄品種

亞爾薩斯共有七大主要葡萄品種，包括斯萬娜（Sylvaner）、白皮諾（Pinot Blanc）、莉絲琳（Riesling）、古烏茲塔明娜（Gewurztraminer）、慕斯卡（Muscat）、灰皮諾（Pinot Gris）、黑皮諾（Pinot Noir）。

如何辨認不同的色香味？對我而言，斯萬娜和白皮諾雖是最淡、最單薄的品種，相對卻又是最困難的，一則兩者個性較拘謹（Discret），特質不如其他品種鮮明，儘管斯萬娜略有清新果香味，白皮諾稍帶有「皮諾家族」特有森林味，經常與奧斯華（Auxerrois）合併釀酒，其顏色都偏淡黃，口感偏乾，但因其香氣較淡、酒體較薄，對一向嗅覺不敏銳的我，可真是一大考驗；至於素有「白酒之王」之稱的莉絲琳，顏色亮黃，不論聞或嘗起來都有一股清新果香味，有著順口的乾味，恰好的酸度及十足的喉韻，不過若年份較輕或品質較差者，那果香味還被封住或是太淡，就比較難判斷；而我偏愛的古烏茲塔明娜有著濃郁的荔枝及熱帶誘人果香味，色澤金黃，口感較甜，個性熱情鮮明；至於我最愛「吃」的慕斯卡葡萄，其釀的酒帶有特有清新的慕斯卡味，口感偏乾；另外灰皮諾聞起來有淡淡的森林味，嘗起來則有些許蕈菇及甜味；最後唯一的紅葡萄黑皮諾，色澤宛若紫羅蘭神秘，有著優雅柔和的丹寧和堅果味。

若要用女人來形容之（不知為何，我很喜歡用女人來形容酒，或許因為酒的那種優雅、芳香、酸勁、複雜、多變個性，和女人很像）：斯萬娜就像一位含苞待放的青澀少女，散發淡淡幽香，然而個性拘謹、中規中矩；白皮諾是個甫入世的輕熟女，雖有著皮諾家族特有的出塵氣質，不過個性較保守；莉絲琳像是氣質優雅、品味出眾、高貴端莊的熟女，渾身散發清新脫俗氣息；慕斯卡是個與眾不同、特立獨行的美女，總愛用她那令人銷魂的香氣擄掠知音人；古烏茲塔明娜就像個熱情的東方甜心美人，那充滿異國風情的調調總是迷倒眾

01莉絲琳Riesling 02斯萬娜Sylvaner 03白皮諾Pinot Blanc 04古烏茲塔明娜Gewurztraminer
05灰皮諾Pinot Gris 06黑皮諾Pinot Noir

生；灰皮諾像是深處於森林中的自然美人，雖遺世獨立卻掩不住她的萬千風姿；黑皮諾像是神祕的吉普賽女郎，以時而優雅、時而激昂的佛朗明哥舞姿，讓人拜倒於她的石榴裙之下。

至於我對黑皮諾的註解則是：「在黑暗陰冷的世界裡沉睡多年後，突然間，那扇門打開了，溫暖的光線撫慰著她，在眾人的驚嘆聲中、溫暖的氛圍裡，她慵懶地甦醒了，走向外面的世界。她一身深紫羅蘭色絲綢晚禮服，就如火鶴般耀眼，襯托出她那熱情火辣的個性，而當她旋轉起舞時，那裙襬也隨著搖曳，就在令人目眩神迷之際，那淚珠卻竟緩緩地、緩緩地滴了下來……。她渾身充滿成熟嫵媚韻味，宛如夏天熟透的紅色漿果，散發出蜜糖般的馥郁香氣，任誰都想佔有她，而她只希望知音人能夠了解她，同時細細品味她，之後將會了解，她靈魂深處那複雜多變、情感豐富的世界。

註2 盲飲（Blind Taste）

盲飲，是品酒或是比賽評鑑時最常使用的方法，為了避免品酒者看到酒標時有先入為主的想法，因此用布將酒身套住以遮蓋酒標（當然，如果你願意，也可以用布遮住自己雙眼，不過這樣也太委屈自己了），不讓對方看見這是什麼酒，如此，品酒者站在一整排酒前，可捐棄主觀意見，以更客觀公正的態度來品酒；另外，盲飲還有一項作用，那就是「玩猜謎」，試試自己「盲眼識美酒」的功力如何，包括在觀其色、聞其香、嘗其味之後，能否正確說出該酒的年份、產地、品種、風土條件等等，這在漫畫《神之雫》中也曾多次出現過，我參加的考試就是藉由盲飲而對一杯酒說出評論，若想成為侍酒師，最基本條件，就得通過如此的測驗才行。

註3 酒石酸（Acide Tartrique）

酒石酸這個東西總是讓酒農及消費者又愛又怕。怎麼說呢？

有一次，班接到一通客戶的電話，他抱怨酒裡面有白色結晶物，懷疑酒有異物侵入不乾淨，要求退貨，於是班解釋給對方聽，表示此為酒石酸鹽結晶，屬天然物，請放心喝之類的。雖然能體諒客戶的疑慮，不過對於一些消費者的「無知」，班還是感到很困擾：「有酒石酸結晶鹽的酒，代表是品質好的酒，有些客人還真不識貨！」

經由班的解釋，我才搞清楚，原來，酒石酸普遍存在於水果尤其是葡萄之中，在晝夜溫差大的地方，酒石酸得以保存較多，除了讓葡萄擁有較好的酸度，還可以在葡萄發酵時釋放出天然抗氧化劑——酒石酸鹽，但因其不易溶解於酒精之中，所以會漸漸在酒桶壁上形成一層或白或灰或赭紅色的碳酸鈣晶狀物，即為酒石。在裝瓶時酒瓶中難免有些微結晶粒沉澱，紅白酒皆然，不過白酒因本身色澤清澈，較容易發現。雖然部份酒莊採用化學方式去除之，不過，這不但不自然，還會讓酒喪失些許風味，因此，班的酒中多少都有白色結晶粒，當然不想吞下肚的話，他建議先讓酒靜置一會兒，待結晶粒全部沉澱於瓶底後再斟酒即可，所以下次若發現酒中有白色結晶粒的時候，千萬別大驚小怪，以為是異物而要求退貨，這可就貽笑大方了。

不可不知的品酒字彙

<table>
<tr><td rowspan="4">色澤</td><td colspan="2">清晰度</td><td>乾淨、清楚、透澈、晶瑩剔透</td><td>混濁、模糊、雜質</td></tr>
<tr><td colspan="2">明亮度</td><td>明亮、晶瑩、閃耀</td><td>沉悶、鉛色、暗沉</td></tr>
<tr><td colspan="2">強度</td><td>好、深</td><td>一般、蒼白</td></tr>
<tr><td colspan="2">色調</td><td>白酒/白金、青金、淡金、淡黃、亮黃、金絲雀黃、青黃、灰黃、水青、琥珀黃、麥芽黃、玫瑰色</td><td>紅酒/紫羅蘭紅、紫色、石榴紅、黑櫻桃紅、紅莓、紅寶石、黑醋栗、磚紅、橙紅、褐色、桃花心木</td></tr>
<tr><td rowspan="6">香氣</td><td colspan="2">強度</td><td>極強、強、好、適中</td><td>微弱</td></tr>
<tr><td colspan="2">整體感（開展、拘謹、閉合）</td><td>優雅、傑出、微妙、細緻、複雜、豐富</td><td>普通、簡單</td></tr>
<tr><td colspan="2">持久度</td><td>悠長、長、中等</td><td>短、微弱</td></tr>
<tr><td rowspan="3">種類</td><td>鮮花</td><td colspan="2">野玫瑰、玫瑰、丁香、洋槐花、紫羅蘭、天竺葵、牡丹、風信子、木樨草等</td></tr>
<tr><td>鮮果</td><td colspan="2">梅、櫻桃、葡萄、黑醋栗、覆盆子、草莓、醋栗、紅漿果、無花果、慕斯卡、榅桲、桃、梨、檸檬、柑橘、葡萄柚、鳳梨、熱帶水果、香蕉、蘋果、野果等</td></tr>
<tr><td>乾果及蜜餞</td><td colspan="2">核桃、葡萄乾、榛果、杏仁、無花果乾、開心果、果醬、熟梅乾、熟果、橘皮等</td></tr>
</table>

		植物	香草、蕨類植物、接骨木、黑醋栗葉、茶葉、香茅、薄荷、菸草		
		森林	芬多精、蘑菇、松露、樹苔、濕地、腐殖質		
		動物	麝香、肉味、熟食、鹿肉、皮革、琥珀、小鹿等		
		食物	蜂蜜、焦糖、甘草、大蒜、可可亞、牛奶、奶油、西打、啤酒、酵母		
		再製品	布丁、燻烤味、咖啡、烘焙咖啡、焙燒味、烤麵包、摩卡、烤杏仁		
		香料	肉桂、香草、荳蔻、胡椒、香菜、丁香		
		礦物	石、硫、碘、火石、礦物、泥土		
味覺	其他字彙		溫和、強烈、氣度、醉人、強大、暖活、圓潤、熟成	堅硬、結構化、平順、酒體、澀、粗魯	尖刻、苦澀、侵略
	平衡度		優良、平衡、和諧	持久、長、短	均等、不均衡、微弱
	持久度		悠長、長	好、中等	短
結論	進化度		正常	些許、需再觀察、尚年輕	足夠、完成
	適飲度		可飲	巔峰	未達

我的品酒分享會
官能遲鈍者請加油，感覺不只是主觀而已！

╳ 黃素玉｜台北品酒會

相較你在法國戰戰兢兢地上品酒課，課程嚴謹又專業，最後還得考試；在台灣，許多人如我與我的朋友們在參加品酒會時，卻是醉翁之意不只在酒，還帶著趁機聚會玩樂的心態，也許正因為如此吧？善於察顏觀色的老師在面對這一票頑徒時，懶得硬灌我們一大堆品酒知識，課程也大多朝輕鬆有趣的方向進行，於是，大家不但喝得微醺、聊得愉快、學到些皮毛，最後還會順便買上幾瓶剛試喝、覺得滿意的酒回家，總結來說，真是一舉數得啊！

異國的感官之旅

常覺得：走進葡萄酒世界就好像展開一趟異國的感官之旅！而它的有趣及惱人之處皆在於此，先別提那些嘗都不曾嘗過的水果、陌生的風土人情了，就算是熟悉的顏色、氣息、味道和日常用語，當它們被使用在專業人士的酒評時，只教人覺得異樣、另類，甚至不可思議：「濃稠如紅色天鵝絨、清亮如透著光的紅寶石」，咦，這紅色真的可以分出那麼多色調？「動物皮毛、菸草味、泥土味」，不會吧！為什麼一瓶酒會出現這些風馬牛不相干而且聽來就很不優的氣味？「肥厚、艱澀未開的口感」，喂！又不是吃肥肉、不是易開罐，哪來這種聯想？「嚴謹、鬆散的酒體」，哈！這是在說一篇文章吧？

好吧！我承認這是我開始接觸品酒時的嘲諷之辭，還曾很小人地猜測很會說的人不是信口胡謅就是照書掰文，但在悠遊葡萄酒多年、長了些見識以後，我不但不再懷疑他人的專業，反而很遺憾自己的視覺嗅覺味覺太遲鈍了，沒辦法分辨出多層次的色香味，嗔怪自己的想像力太侷限了，不能用最平實而傳神的言語來形容感官所接收到的訊息，尤其羨慕你有本事分辨不同的酒款，並用不同的女性特色來為每一款酒作註記，而且說得頭頭是道。

把感覺形諸語言文字

於是，再次聽到有人說：品酒是很個人很主觀的印象、品酒的重點在於「喝」，不在於「說」時，我雖然還是覺得很對，卻已經無法再理直氣壯地大表贊同了。

誠然，葡萄酒的氣息是飄忽的，味覺是自我的，除了文化差異，生活背景完全相同的人喝同一瓶酒，品嘗的心得也不必然相同，所以，大柢來說，品酒確確實實是很主觀、也很個人的「感覺」。然而，正因為「感覺」是無形的，它來去如風、摸不著也抓不住，如果不運用語言來敘述它，不使用文字來落實它，不但無法和他人交流你的「感覺」，一陣子過後，可能連你自己都忘了原有的「感覺」，下次再與這瓶酒相遇時，你只覺得似曾相識，甚至完全沒有印象。

因此，嘗試去分辨酒的色香味、學習將那虛無縹渺的「感覺」轉化為語言文字，是品酒時的必備心態，唯有如此，流進你口中、血液中的酒才能真正印記在你心中，這一段與酒相遇的感動才不會船過水無痕。

創造出自己的通關密語

也許有人會說，品酒文化中經常出現的字彙實在太異國了，生活在亞熱帶的人如何去體會沒吃過的寒帶水果香氣？其實，就像你提到老外偶爾也會用荔枝、香蕉、鳳梨、百香果、芒果來當形容詞，但這些熱帶水果，早在千百年前時一定還沒進口到歐洲，當酒農把古烏茲塔明娜葡萄釀成酒時，一定也為它獨特香氣而傻眼，因為再怎麼遍尋生活周遭的水果，絕對找不到差相彷彿的香味氣息，只能用Exotic Fruits的字句來形容、來註記它，進而把這種說詞傳承下來。直到許許多年以後的某年某月某一天，當這些酒農的後代吃到荔枝時一定恍然大悟：「啊！原來這無法言傳、被大家歸納為Exotic Fruits的清甜味，就是荔枝！」

Exotic的意思是異國情調的、外國產的、奇特的，引申義就是無法理解、體會的事物，而Exotic Fruits會出現在歐洲人的品酒字彙裡，就是因為大家雖然無法理解體會，卻可以感覺到、也相信它們的存在，然後，隨著人們的見識大開，這Exotic Fruits就可以細分出香蕉、鳳梨、芒果等等香味了。

因此，就像早年歐洲人品酒時，創造出Exotic Fruits的形容詞，每個人也可以創造出專屬於自己的通關密語。

每個人都可以創造出專屬於自己的通關密語。

品酒第一階段～記住自己的想法

還記得有一次參加品酒會時，某位知名品酒達人就捨棄專業而繁複的特色介紹，開宗明義地對大家說：「品酒最重要的一件事，就是你必須盡量用心去分辨酒的色香味，接著，盡量想辦法用自己的語言來作註解，最後，努力地記住它。」

因為對入門者來說，與其費力去硬記一大堆似懂非懂的專業用語，不如用心在五感全開，試著把感官接收到的虛無訊息，用自己的說法來加以落實，可以是日常生活中出現的氣味，比如「年糕」、「發糕」、「蜜餞」的香味，可以聯想到某一次雨天出遊時嗅到的森林氣息，可以是豔陽下曝曬後的青草味，可以是初戀時教人低迴不已的微酸滋味……，任何聯想皆可，只要是出自真心而不是賣弄詞藻者皆好，說出來或寫下來，然後記住它，並且相信：Wine that tastes good to you is the good wine！

品酒第二階段～擴充自己的喜好

入門後，許多人一直停留在葡萄酒的大門前徘徊，比如我就是其中一位頑劣份子，因為個人就是獨鍾Dry一點的紅酒，就是不喜歡甜的紅酒，就是不愛必須冰涼飲用的白酒，就是只想隨興盡興，就是懶得去了解：為什麼有那麼多人喜愛那些「非我族類」的酒？這些酒又是如何好喝法？

然而，在幾次品酒會的過程中，許多人說的話卻逼得我一次又一次地檢視、調整自己的心態。他們說：「Learn More, Drink Better！」因為在葡萄酒的國度裡，不同年份、不同品種、不同地區、不同酒莊所釀造的酒不會也不該相同，而正是這種種的不同造就出葡萄酒精采多變、甚至超乎人們想像的色香味，如果只是駐足在自以為是的圈子裡，不願意打開心防，試著去親近、了解所謂他人的喜好，不肯多方嘗鮮，就會錯失機會去深刻體會：葡萄酒豐富多元的滋味，其實就像人生一樣，有著不同層次的酸甜苦辣澀。

當然，每個人各有喜好、感官敏銳度也不一樣，但只要有心，喜好是可以培養的，感官敏銳度也是可以被開發的，總要多試多學之後，再來下定論吧？

就好像「弱水三千只取一瓢飲」的人生態度並沒有錯，但若非經歷「過盡千帆皆不是」的階段，又如何能深刻體會「驀然回首，那人卻在燈火闌珊處」的極致美？

品酒第三階段～精進自己的專業

有人覺得品酒的知識實在學不勝學，乾脆放牛吃草算了。其實，採訪過不少葡萄酒界名人，比如法國食品協會的前台灣區總經理Sheree等人都建議：大家不必被品酒這名詞嚇到，不妨放輕鬆一點，用品茗的心情來品酒（註1）。因為葡萄酒就像茶一樣，有不同的品種，尤其在栽種、生產製作過程，甚至在品的時候，都有它的知識和原則。

在台灣，許多人都知道如何根據當下的需求去選擇所喝的茶，比如吃太飽想要「刮油」時，會選口感較濃厚的普洱、鐵觀音；想要聞香清腦時，會選擇香氣襲人的金萱、碧玉、高山茶。大家為什麼會知道？原因無他，那就是我們對「茶」並不陌生，就算不是專業的品茗人士，即便並非對每種茶都很熟悉，但經由生活經驗的累積、彼此的心得分享，大部份的人就是會知道這些原則，但原則也僅供參考而已，重點不在於選擇了什麼，而是用心地去品味手中的那杯茶。

對許多人來說，品酒會是進入葡萄酒世界的最佳課程。

品酒也像品茗一樣，不只有它的基本原則，也是一種文化的累積、一種享受生活的方式。每個人都可以選擇不喝，可以不是很懂卻經常喝，或者很懂也很愛喝，差別在於：如果想成為箇中好手，品酒時就不能太過自我、一味地隨興，必須聽進並學習老師的專業教導，然後，將酒置入生活中，就像喝茶一樣，因為經常喝而熟悉，因為熟悉而更加了解，因為了解而點點滴滴地精進自己的品酒功力。

參加品酒課、品酒會的好處

想要精進自己的品酒功力，參加各葡萄酒相關業者所主辦的品酒課、品酒會是不錯的途徑（註2），兩者可能在同一個據點，雖然前者傳道授業解惑的氣氛濃一些，後者聚會享樂社交的情緒高一些，但不管參加哪一種，都可以讓你出席一次就品飲到3～6種酒，一邊喝、一邊還可以跟隨著老師或達人的引領，讓自己更快地進入、體會葡萄酒的迷人之處，另外，如果試喝到喜歡的酒時，也可以順道買酒，買太多了怎麼辦？別擔心，這些據點常設有酒櫃出租（24小時嚴格控制溫度與溼度，視空間大小，價位從一年400元起跳），可以讓你心愛的酒寶貝睡得好好的。

入門班及進階班的品酒課

品酒課，一般只提供酒及簡單的麵包、乳酪，收費標準則視開瓶酒的等級而定，通常在600～4,000元之間，或者上萬也不無可能。

一開始的入門班，大多會選擇一支香檳或氣泡酒、一支白酒、一至兩支紅酒，藉此來引薦出葡萄酒的基本釀造方法，或者介紹新、舊世界酒區所採用的葡萄品種及釀造方式。

再來則是進階班，其一是「平行品飲」，即選定同一個品種、同一個酒區的3～6種酒，比如：選定卡本內蘇維翁，就找來新世界各國的卡本內蘇維翁單一品種酒，讓大家認識這品種的特色；若想了解夏多內，就分別找來法國、美

國、澳洲等不同地區的夏多內，讓大家了解一樣是夏多內，卻可能因為風土條件及釀造手法不同而出現風格迥異；選定特定酒區如法國波爾多左岸，就找來該區大大小小酒莊的酒，一來讓大家體會在相同的自然環境下，它們有何共通性或差異性？二來讓大家知道，各酒莊因不同的釀造法會展現出何種不同的風格？

其二則是「垂直品飲」，包括提供不同年份的同一酒莊同一款酒，來讓大家了解年份對酒的影響（每一年的氣候不同，葡萄的品質自然不一樣，簡言之就是原料不一樣，成果多少會有差異，所以同一款佳釀年份的名牌酒，價位也會三級甚至好幾跳，到底值不值得，當然是見人見智）；或者提供同一酒莊、不同等級的酒（根據法國AOC的分制，可以分出各種等級的列級酒，或者地區級、日常餐酒等級數，又比如每一個酒莊也會有自家的一、二級酒），來讓大家試著去品味不同品質、不同價位的酒有何不同之處？

酒商或品酒名師發起的品酒會

品酒會，則因為動機的不同，分別由酒商、品酒名師所主持。酒商舉行品酒會的動機，通常都是為了推廣新進或特別的酒款，他們會選在自家的場地或是租借知名酒餐廳來舉行品酒會，有時只針對新聞從業人員、部落客來舉行新酒發表會，有時也會對一般民眾開放、並收取一定的費用（為了行銷考量，所以相較來說，定價會比品酒課便宜一些），或是提供適搭的各種餐食，或是簡單的麵包、乳酪。參加這樣的品酒會，最有趣之處在於可以試喝到有別於一般市面上常見的酒（比如知名酒區的不知名小酒莊、較少進口的葡萄牙的酒），藉此來增廣自己的見聞。

至於品酒名師主辦品酒會的動機，通常是為了與那些追隨自己的學員保持互動、連絡情感，所以他們會根據學員的程度、需求、渴望而量身打造出不同主題的品酒名目，他們見多識廣，找酒功力一流，懂得如何從眾多酒商當中找到最適合當日主題的酒，在這樣的場合品酒，自然就可以喝到更多樣的酒。

由同好發起的品酒會

另外，還有一種品酒會則完全由愛酒同好所發起，動機很單純，就是飲酒同樂會，主題很自由，可以是任何想得到的名目，比如帶來個人最愛的一支酒、500元以下最物超所值的好酒、香檳大戰氣泡酒、同一價位的新舊世界酒大對決、單一品種紅酒的大會串（註3）、漫畫《神之雫》出現的酒、羅伯派克推薦的90分以上的好酒等等，因為沒有商業考量，純粹娛樂性質，所以與會的地點也經常選在某人家中，當然啦！能進入門檻者，除了一定是愛酒同好之外，酒品也絕對是主人考量的範疇。

品酒心態的轉變

也許是喝得比較多了、視野變得較為開濶，我在喝酒時更為認真、心態卻反而更為放鬆：有機會參加品酒課或品酒會，和同好切磋分享心得，學習到更多專業知識，很好！但和一群雖然不太懂酒、交情卻極好的朋友聚會飲酒，感覺更好！因為隨著年歲增長、經濟實力較佳，你愈來愈會體會到「好酒易尋、好友難覓」的心情；有機會喝高貴的酒，很棒！但來上一杯自己負擔得起、喝得教人砰然心動的酒，感覺更棒！因為最頂級最高貴的法國五大酒莊等夢幻酒品，一般人一輩子可能都無緣喝到，但追求一瓶品質不錯、自我感覺良好的酒，卻是時時刻都可以放在心上、極有可能完成的美夢，更是此生最教人期待的功課。

於是，歷經好幾番心境轉折後，我的品酒哲學又變成了：喝得懂，很屌！有點懂又不太懂時，則更能享受到「從錯誤中學習」的樂趣！！

透過品酒會，讓更多人輕鬆地進入葡萄酒的世界。

黃素玉的品酒筆記本

註1 用品茗的心情來品酒

葡萄酒和茶有許多相似之處，比如：它們都含有單寧、多少帶著些澀味，可以幫助消化；它們都會隨著時間出現不同層次的香氣口感；酒如果以顏色來分，可以大略分為紅酒、白酒、粉紅酒，就好像茶可以依發酵程度大致分為綠茶（比如龍井、香片、碧螺春）、青茶（俗稱烏龍茶）、黑茶（比如普洱茶）、紅茶等大類；相同的葡萄品種比如卡本內蘇維濃，會依地區、酒莊釀酒人手法的不同而呈現殊異的口感，就好像同樣都是烏龍茶，也會因為栽種在高山或平地、茶莊製茶人的手藝而出現不一樣的風味、高低價差；葡萄和茶葉，都可能因為「微生物」的造訪，讓釀的酒、製成的茶出現風格獨具的氣味、口感，讓它們身價暴漲，比如貴腐黴之於貴腐酒，小綠葉蟬之於東方美人茶。

小綠葉蟬又稱小綠浮塵子、青仔或煙仔，因為牠會吸食茶樹芽葉的幼嫩組織汁液，所以被視為茶園常見的害蟲之一。早年，茶農雖然看見茶葉被蟲叮咬了，因捨不得浪費，還是將它製成茶，卻沒想到用這種茶葉所泡出來的茶，散發出一種有別於烏龍茶的花果、蜂蜜香，不但受到許多人的喜愛，甚至遠渡重洋出口到了英國，相傳連女王都對它情有獨鍾而賜名東方美人茶。

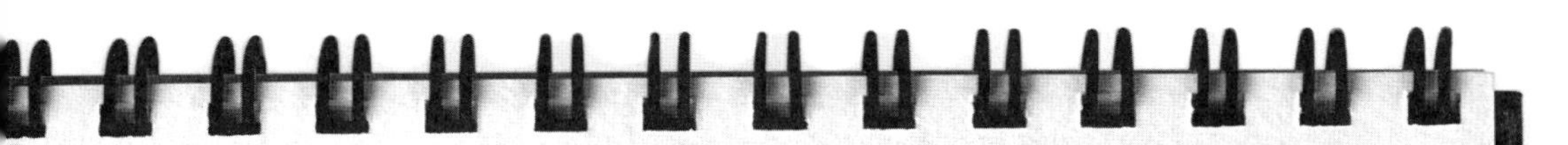

註2 台北市舉行品酒課及品酒會的據點（依筆畫數排列）& 購酒指南

店家名稱	網址／住址／電話	品酒會／品酒課	酒櫃出租	供酒餐廳	是否賣酒／特色
大同亞瑟頓	www.wine.com.tw 台北市南京東路三段225號（復北門市）／02-2546-2181	不定期舉辦品酒會，相關訊息請參見網址。	是	否	是／主力商品是法國勃根地的紅白酒（包括頂級Grand Cru、一級Premier Cru，以及村莊酒，另外也有法國波爾多，以及新世界的酒。
五號酒館	www.cellarv.com.tw/new/index.php 台北市忠孝東路五段372巷28弄19／02-2345-1178	不定期舉行品酒課、品酒會，相關訊息請去電詢問。	是	與附近中式餐廳合作，可在此點酒搭餐。	是／主力商品為法國、德國、義大利、西班牙、美國、智利、阿根廷、澳洲、紐西蘭等地的酒；另提供場地出借。
孔雀酒坊（Jeff Tseng）	www.wretch.cc/blog/jefftseng 台北市大安路一段119巷1號1樓／02-2721-6930	品酒會相關訊息，請參考網站或去電詢問／業界名人曾彥霖主持，每星期主辦1-3次品酒會。	否	否	是／原主力商品為加州酒，現階段主打商品為普羅旺斯粉紅酒、波爾多、勃根地等知名酒區的酒，亦展售各進口商所進口的新舊世界的酒。
心世紀	ncw.tw/index_connect.php 台北市松江路156巷7號1樓／02-2521-3121	品酒會訊息請參考網站。	是	否	是／主力為法國勃根地及隆河的酒，還有法國波爾多、新世界等地的酒；另提供場地出借、酒窖監造顧問。
台灣金醇	www.formosawine.com.tw/ 台北市新生南路一段50號11樓（總公司）／02-2393-1233	不定期舉辦品酒會，相關訊息請參見網址。	否	否	是／除了專營法國波爾多各等級葡萄酒，目前更代理新舊世界等地區的紅白酒。
亞舍廚藝雅集	www.cookingstudio.com.tw 台北市中山北路七段14巷15號1樓之5／02-2836-7877	不定期舉辦品酒課，可上網或去電詢問。	否	相關企業的馨亞美食坊（Le Jardin）為供酒餐廳（忠誠路二段170號、28771178）	是／由老牌的進口酒商「亞舍」所創立。主力為法國各地的酒，除了大家熟悉的頂級葡萄酒，比如法國五大酒莊之外，亦有不少中小型獨立釀酒農所生產的酒。
法國食品協會	www.sopexa.com.tw／02-2570-0810	經常主辦各種法國酒的推廣及系列講座，確切資訊請參考網站。	否	否	否

店家名稱	網址／住址／電話	品酒會／品酒課	酒櫃出租	供酒餐廳	是否賣酒／特色
法蘭絲	www.finessewines.com.tw/ 台北市內湖區新湖三路132號6樓（總公司）／02-2795-5615	主要針對企業或團體，設計不同主題的講座。	否	否	是／門市設在君悅飯店、士林及內湖的hola內。
長榮桂冠酒坊	www.evergreet.com.tw/party.htm 台北市安和路二段12號1樓（安和門市）／02-2754-7970	品酒會訊息請參考網站。	否	否	是／法國（波爾多、勃根地、隆河、香檳、隆格多克-胡西雍等區）、義大利、西班牙，以及新世界的酒。
威廉酒工坊／三重奏Trio	台北市敦化南路二段63巷54弄12號／02-2703-8706	品酒會訊息請去電詢問／由王靈安老師主持，是業界相當知名舉行品酒會的供酒餐廳。	否	是／提供各種義大利麵、燉飯等西式餐點，單杯紅白酒，每杯120；各式紅白酒，一瓶從800元起跳。	否
星坊	www.sergio.com.tw/index.asp 台北市安和路一段10號（安和門市）／02-2751-0999	不定期舉辦品酒會，可去電詢問。	否	否	是／主力是美國加州、義大利的酒，以及法國（香檳、波爾多、勃根地、隆河）、德國、西班牙等地的酒。
美多客	www.medoc.com.tw/2-1.asp 台北市四維路52巷29號1樓（總公司）／2705-0245	不定期舉辦品酒課、品酒會，相關訊息請參見網址。	否	否	是／門市設在東豐街 77號 1樓、2708-8721
夏朵	www.chateaux.com.tw 台北市復興南路一段279巷8號1樓／02-2708-2567	不定期舉辦品酒會，可去電詢問。	否	否	是／主力商品為法國（香檳、波爾多、勃根地等地）一至五級的酒，以及美國（加州）、加拿大、澳洲等新世界的酒。
酒堡	www.ch-wine.com.tw/ 台北市南京東路三段61號6樓／02-2506-5875	不定期舉辦品酒會，相關訊息請參見網址。	否	否	否

01、02 Trattoria di Primo 03、04大同亞瑟 05、06威廉酒工坊 07、08尋俠堂 09、10星坊 11、12孔雀酒坊 13、14誠品酒窖 15橡木桶 16長榮桂冠 17雅得蕊 18心世紀 19圓頂市集 20五號酒館

店家名稱	網址／住址／電話	品酒會／品酒課	酒櫃出租	供酒餐廳	是否賣酒／特色
尋俠堂	www.sunshine-town.com／台北市景仁街73號1樓／02-2930-6686	定期舉辦葡萄酒相關課程、小型品酒會、餐酒會（依據不同主題與不同餐廳或甜品屋合作）。	否	現場雖不供餐，但可以喝酒，也可以請老闆代訂餐點（異業結盟的餐廳，包括日本料理店、墨西哥餐廳、港式燒臘店等。）	是／展售老闆慎選、價位合理的各式葡萄。
雅得蕊葡萄酒專賣店	www.finewine.com.tw/news/070727.htm／台北市信義路四段199巷8號（信義門市）／02-2777-2279	品酒會訊息請參考網站。	是	否	是／主打商品為西澳、南澳等地知名酒莊的紅白酒，另外亦展售新舊世界等地的紅白酒。
圓頂市集	www.lamarche.com.tw 台北市信義路四段199巷9號／02-2755-1055	定期舉辦品酒課、品酒會，確切資訊可上網或去電詢問。	否	餐廳籌備中	否
誠品酒窖	www.eslitegourmet.com.tw/shop_wc3.htm 台北市敦化南路一段245號B1（敦南店）／02-2775-5977	不定期舉辦品酒課、品酒餐會，可上網或去電詢問	否	否	是／專業的葡萄酒展售空間，主力商品為香檳及勃根地的紅白酒。另外，亦展售各種相關與葡萄酒相關的各式水晶玻璃杯、醒酒器等等。
路易14歐法料理餐廳	台北市四維街76巷11號／02- 2706-3416	不定期舉辦品酒會及品酒課，可去電詢問。	否	是	是／店面展售各進口商所提供的酒。
維納瑞	www.drinks.com.tw 台北市南京東路五段2號（光復門市）／ 02-2749-5579	不定期舉辦品酒課，可上網或去電詢問。	是	否	是／代理西班牙NAVAZOS、BENJAMIN Romeo-Bodgea Contador，以及及義大利Motevetrano、紐西蘭PROVIDENCE WINERY的酒，另外，亦展售法國波爾多的頂級紅白酒。

店家名稱	網址／住址／電話	品酒會／品酒課	酒櫃出租	供酒餐廳	是否賣酒／特色
橡木桶	www.drinks.com.tw 台北市南京東路五段2號（光復門市）／ 02-2749-5579	每逢周末，在所有門市提供兩款葡萄酒，免費供民眾試飲（視每月主題時有調整）。	否	否	是／葡萄酒品項，涵蓋新舊世界的葡萄酒，其中又以法國五大的慕桐堡為明星產品。
諦梵伊 葡萄酒坊	www.dvinewine.com.tw/index.html／台北市仁愛路四段300巷19弄4號1樓／02-2754-7296	品酒課訊息請參考網站。	否	是	否
Mondovino Wine & Spirits（酒趣）	www.mondovino.com.tw 台北市延吉街136號／02-8771-7933	品酒會相關訊息，請參考網站。	否	是／現場提供專業的酒單及品酒服務，餐飲主要為各式乳酪、麵包等小點，也歡迎客人自帶外食。	是／以販售法國布根地等產區的葡萄酒，現場除了可以購買整瓶葡萄酒，也有單杯紅白酒的服務。

註3 可釀製單一品種酒的6大紅葡萄

＊卡本內．蘇維翁（Cabernet Sauvignon）

是法國波爾多酒區最知名的葡萄品種。也許是波爾多五大酒莊的名氣太響，也許是它的適應力超強，因此，在新世界的許多國家地區都可以見到它的蹤影，稱得上是世界上最知名、評價也頗高的葡萄品種。相較其他品種，它的果實顆粒小、皮厚、葡萄籽的單寧也高，故初釀出來、較年輕的酒，色澤極深、澀味也強、並帶有黑加侖子果香，一般在經過陳放後，口感雖然依舊紮實，卻會變得比較圓潤柔和些，也會散發出更複雜、更多層次的氣息，比如青椒、莓果、咖啡、煙燻、香草等等香氣，是一種適合陳放的品種。

在波爾多左岸（梅鐸區Médoc、格拉夫Graves），絕大部份酒莊所釀造的紅酒，包括知名的五大酒莊都是以它為主體，再加上一至二種的其他品種，比如梅洛、佛朗（Cabernet Franc）來一起調配釀造，但到底用了哪種品種、品例，一般並不會詳列在酒標上；至於在美國加州、智利、澳洲等新世界的酒區，許多酒莊則會釀造卡本內．蘇維翁的單一品種酒，也會將品種名列在酒標上。

＊黑皮諾（Pinot Noir）

是法國勃根地及亞爾薩斯紅酒所採用的唯一葡萄品種，適合栽種於氣候較涼爽的地區，其果皮較薄、較纖細、較敏感，不但容易受天氣影響，在發芽和收成時也容易受傷，就連釀造時都得戰戰兢兢地控制好發酵溫度，因為溫度過高，會讓酒香帶有香蕉味，因此，稱得上是超難侍候的品種。

雖然看到勃根地的紅酒，就可以直接將它與黑皮諾畫上等號，但黑皮諾也會出現在法國其他地區，比如香檳區（用來釀製香檳），以及亞爾薩斯等地（主要用來釀紅酒，另外也拿來釀氣泡酒）此外，其他國家地區，包括紐西蘭、美國加州的那帕及奧勒岡州等地也都有栽植。

＊梅洛（Merlot）

為波爾多產量最多的葡萄品種，在法國其他酒區，以及美國加州、澳洲、紐西蘭、阿

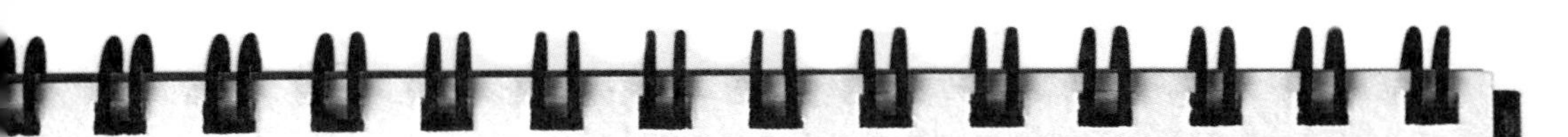

根廷、智利、南非等地也有栽種。屬於早熟品種，不但果實成熟得快、顆粒也大、皮較薄、單寧含量不高，就連酒質熟成的速度也比其他品種快，帶有濃郁果香及甜潤口感。

在波爾多左岸，因為土壤較不適合梅洛的栽植，所以在此，它通常扮演的是混釀品種的小配角；到了右岸，比如聖愛美濃區（Saint-Emilion）、玻美侯（Pomerol）區，梅洛為最重要的混釀主角，但使用的比例不等。然而，隨著彼得綠堡（Chateau Petrus，有人翻譯為派翠斯堡）以95～98%梅洛為主，釀出一款教人又驚又喜的知名酒款後，不但讓本品種在整個波爾多酒莊的使用比例都大為提升，比如近年來的Petrus和Le Pin幾乎都是使用100%的梅洛去釀酒，就連其他新世界的酒莊也開始大量釀製以梅洛為單一品種的酒，其中又以美國加州最知名。因為它的口感較一般紅酒不澀、酸度也低，再加上果香明顯，所以受到一般大眾的歡迎，但也因為它太「討喜」了，也出現不少反梅洛族群，覺得它太媚俗、沒有個性，缺乏高級酒所必備的深度感。

＊希哈（Syrah）

是法國隆河谷地的重要栽植品種（隆河在Montélimar分為南北兩區，北隆河屬於半大陸型氣候，希哈是唯一的紅葡萄品種，這區主要生產單寧重且耐久存的濃厚型紅酒；南隆河生產的紅酒，則大多採用3～5種左右的葡萄品種來混合釀製，其中也包含希哈，但比例不等）。另外，在新世界的澳洲、南非、美國加州等地區也有栽植，其果實顆粒細小、皮厚，因其單寧含量高、酸度及酒精感也都很明顯，所以釀出來的酒，顏色深紅、口感厚實強烈，需要陳年，才能讓口感柔順些，並散發出複雜的香氣。

在新世界，希哈又名希拉子（Shiraz，是古伊朗的一個地名，據說是Shiraz的發源地），在這些地區，有時會釀製希拉子的單一品種酒，但大部份也是作為混釀酒的品種選項之一，澳洲甚至還有酒莊生產了希哈的紅色氣泡酒。

＊嘉美Gamay

是薄酒萊地區（Beaujolais）的主要品種，另外在法國其他地區比如勃根地的馬貢等地也有生產。本區以每年11月的第3個星期四推出薄酒萊新酒（Beaujolais Nouveau）而聞名於世，單寧含量低，不適久放，適合及早飲用，有著明顯的香蕉、水果糖等香氣。

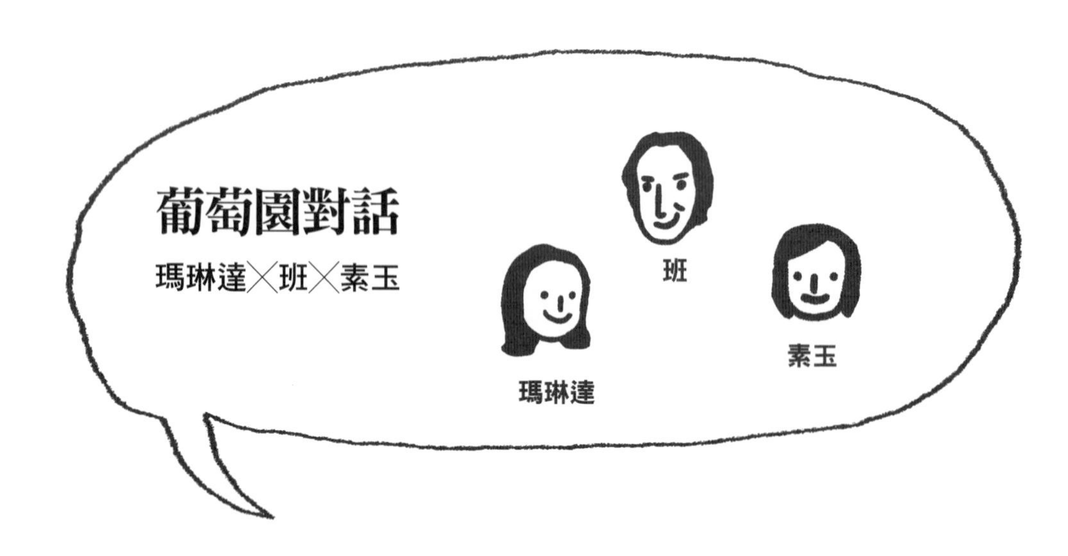

素玉：「通常品酒的正確次序為何？」

班：「品酒基本原則是由輕到重（較清爽的白酒到口感較濃郁的紅酒、年輕酒到年份老一些、平價簡單口味到高級複雜口味），由不甜到甜（先品嚐較不甜的白酒、再來是較甜的白酒，接著則為紅酒，最後才是如遲摘酒或冰酒之類的甜酒），至於品酒時通常是一個酒杯品到底，基本上，除了甜換成不甜、紅換白酒之外，是不需要換杯或清洗酒杯。」

瑪琳達：「那如果同樣的場合，想喝不同的酒精性飲料時，又要怎麼辦？」

班：「記得千萬先從酒精濃度低的開始，譬如說，先喝啤酒、葡萄酒，最後才是威士忌或蒸餾酒，否則不易消化，對腸胃很不好。」

素玉：「常聽人說，白酒要冰冰的喝，紅酒則適合室溫下飲用，對嗎？」

班：「一般來說，香檳或氣泡酒、白酒，都需要冰冰的喝，低溫可以抑制酸度並襯托出清新的風味，其中，香檳氣泡酒的適飲溫度大約在攝氏8～10度

左右，而白酒則在攝氏10～12度時有較多香氣（除了那種超甜的的酒之外，白酒的溫度也不宜低於10度，太低時，果香會被鎖住）。

至於紅酒的最佳適飲溫度約為攝氏15～18度，如果是在涼秋寒冬季節、冷氣極強的餐廳，溫度落差不會太大，這樣做也還好，但如果是在攝氏30幾度的炎熱夏天、家裡室溫又高時，在開瓶前，最好還是先把紅酒放到冰箱裡冰一陣子。但切記千萬不要冰太久，因為低於攝氏15度的紅酒，香氣和味道都會被溫度鎖住，喝起來艱澀未開，所以最好等其回溫，之後單寧就會變得柔和，口感也會更好。」

瑪琳達：「若在炎熱夏天裡，當下要喝又忘了冰，不妨拿些冰塊放在冰桶裡來冰酒瓶，不過千萬別像喝紹興酒或威士忌那樣，直接把冰塊放進酒杯之中，這會使酒液混雜了水，讓葡萄酒原味盡失，我想若酒莊主人看到自己的酒被加了冰塊，就像把酒倒入紙杯一樣，應該會傷心到想要撞牆吧？」

素玉：「有時真是不了解，為什麼葡萄酒會出現那麼多匪夷所思的氣味呢？還記得上次採訪時，看過聞香瓶，總共有54種味道，據說是訓練專業品酒師的輔助工具，有時，我也會在品酒會上看到，那你家也有聞香瓶嗎？」

瑪琳達：「我家沒有，班說聞香瓶是給城市人用的，像他從小生長在鄉間，對許多花草、果實、礦物的氣味都相當熟悉，不用聞香瓶，他一嗅，心中就大約有數啦！不過我上品酒課時，老師倒是每堂課都會拿出4～5種不同的聞香瓶，要我們猜個是甚麼氣味，有時還有腐蛋、松香油脂味等，都是藉以測試我們的嗅覺。」

素玉：「如何得知一瓶酒，會在何時達到最佳適飲期？」

班：「不同年份、不同酒款的適飲期都不一樣，有時候需要陳放多年，有時不能放太久，無法一言以蔽之，不過，基本上可以把握『四高』原則，即單寧高、果酸高、糖份高、酒精濃度高的酒，需要較長的陳放時間，其適飲期當然就會拖得比較久，另外，陳放於橡木桶的酒會比不陳放於橡木桶久，若價格和品質成正比的話，那麼高價位要比低價位的酒來得久。」

瑪琳達：「那白酒比紅酒較不易陳放嗎？」

班：「這可是天大的錯誤觀念！我剛才說了四高原則，很多白酒尤其像是亞爾薩斯區的酒酸度高，另外還有晚收酒，甜份高、酒精濃度高，放個5年以上都不是問題，像我的酒很多都超過10年以上，其中不乏超過20年老酒！」

素玉：「在葡萄酒世界裡的Dry，中文有人直譯為『乾』或『干』，有人意譯為『不甜』，到底它的定義是什麼？」

班：「Dry即法文中的Sec，根據法國相關法令，每1公升含糖量低於或等於4.0g的葡萄酒，稱為不甜或乾的葡萄酒（dry wine／vin sec）；每1公升含糖量在4.1～12.0g者，稱為半乾或半干的葡萄酒（semi dry wine／demi sec）；每1公升含糖量在12.1～45.0g者，稱為半甜的葡萄酒（semi sweet wine／moeulleux）；每1公升含糖量高於或等於45.1g者，稱為甜的葡萄酒（sweet wine／ doux）。另外，也有人會用Dry來形容酸度高的葡萄酒口感。」

Chapter 4

餐桌哲學

你在亞爾薩斯
忙著和美酒與美食一起談戀愛
我在台北
忙著進行美酒搭美食的實驗課
瑪琳達&黃素玉
藉由Wine體會了慢食的真義

當美酒遇上美食，是佳偶或怨偶？富家千金也可以愛上窮小子

╳ 瑪琳達｜亞爾薩斯美酒佳餚

「去年的聖誕節大餐，班一時興起想要展現他那深藏不露的廚藝，一早他先到附近農場挑了新鮮肥美的鴨肝，當晚這位阿班師在廚房裡忙得不可開交，不消10分鐘，他精心烹製的前菜～香煎鴨肝佐覆盆子醬上桌了，看起來色香味俱全，正當我切了一塊鮮嫩無比的鴨肝放入嘴裡，班順手斟了酒要我品嘗，那是1997年灰皮諾逐粒精選貴腐酒《Pinot Gris Selection de Grains Nobles》，剎時間，原本滋味鮮美的鴨肝，在濃郁甜蜜的酒香包圍下，綻放出那如玫瑰花般的馥郁口感，味蕾竟不覺地達到高潮，直衝腦門……。」

那令人回味再三之夜，是我對美食與美酒完美「結婚」（Mariage）的初體驗。

每回看漫畫《神之雫》中提及美食與美酒的「結婚」內容，無論文字或影像，都會讓我情不自禁地口水直流，也深深體會美食與美酒的結合，就像世間男女的情感，想要成為神仙眷侶般完美，有時需要緣份，有時則須不斷尋覓，有時過盡千帆皆不是，那人卻在燈火闌珊處……。

青菜蘿蔔各有所好

不可否認的，儘管是宇宙無敵超級A咖的佳釀，或為米其林評鑑三星的絕世美饌，看似門當戶對、天造地設，然而若是TONE不相同，硬要湊合的話，恐怕也會成為怨偶，不過，就我這兩年在亞爾薩斯的觀察，我發現，其實「結婚」這碼事，對他們而言並不是這麼講究，也沒有所謂「紅酒配紅肉，白酒配

白肉」的規定，當然其中一些基本原則不可違背，好比主菜與甜酒不搭、辛辣食物和單寧過重的紅酒不和、而甜食也不適合和不甜的乾酒配，除此之外，似乎可以海闊天空、隨心所欲地「自由配」、「紅白配」。

這不代表他們不注重品質，而是美酒與美食的結合，本就如藝術創作一樣，不但是個人主觀的看法，有時也需要隨性一點，其實說穿了，世界上哪有這麼多的神仙美眷，不過是神話故事罷了，誰說一定要郎才女貌？青菜蘿蔔各有所好，只要彼此心靈契合，只要自己的味蕾感覺對了，不就是一段完美的姻緣？

完美的異國之戀

異國戀情聽起來浪漫，但是想要成為良緣美眷，因生活習慣、語言等各方面的差異，會產生更多的摩擦，也因此需要更加地包容及體諒對方的優缺點，彼此個性可以互補，愛情方能長長久久。不要誤會，這不是言情小說，我這裡所指是美酒與美食的結合，當然也因個人「親身經驗」有感而發，美酒與美食就好像一對來自不同國度的戀人，存在許多差異，想要完美結合，非使用速配指數可以算得出，最重要是「互相包容」，才能激發出兩人最燦爛的火花。

在我的品酒課程中，老師告訴我們許多美酒與美食完美搭配的訣竅，在和班每天面對面吃飯的過程中，我們也經常討論桌前的料理和酒搭不搭的議題，不過，最讓班不解地是：

「台灣人愛吃海鮮，最適合搭配我們亞爾薩斯白酒和甜白酒，還有台灣天氣這麼熱，也很適合在夏天喝上一杯冰涼的白酒，真不懂為何大家還是一窩蜂地只喝紅酒？」

每當他這麼問我時，我啞口無言。

不像歐美國家，一餐下來，總是少不了紅白酒互搭，相對地，亞洲國家消費者偏愛紅酒，是不爭的事實，白酒適搭海鮮，適合在炎熱夏天喝上一杯是沒錯，只不過在鋒頭盡出的紅酒身後，多少掩蓋了白酒原有光芒，而亞爾薩斯酒還未廣為台灣人知，加上台灣葡萄酒市場還未如歐美國家已臻成熟，在未全部了解情況下，「產地」和「品牌」知名度遂成重要購買指南，這當然只是我個人之見，對紅白酒沒有偏見的我，在嘗遍亞爾薩斯各種酒款後，深諳當地白酒的「平易近人」和驚人「包容力」；尤其對於口味較辛辣、偏重，且海鮮豐富的亞洲料理來說，清淡具果香味的白酒，的確要比單寧較重的紅酒要來得適合。

當東方料理遇上西方葡萄酒……

針對亞洲料理，亞爾薩斯葡萄酒協會（CIVA）出了一本冊子，提出了一些適合搭配亞洲美食的葡萄酒建議。基本上，只要把握選擇果味清新、果酸均衡、單寧含量較低的原則即可，在我看來，亞爾薩斯酒就相當符合前述要件；另外，亞洲菜有不少加了糖醋、甜麵醬、梅子醬之類的偏甜料理，這時最好選擇較甜的遲摘酒，因為若搭不甜的酒，會讓酒的口感變酸變澀，產生反效果。

一般說來，亞爾薩斯的古烏茲塔明娜，因帶有濃郁的荔枝果味，加上淡淡玫瑰幽香，糖份及酒精濃度較高，很適合亞洲辛辣及甜味食物，堪稱與亞洲料理結合的最完美對象，舉凡爽口的廣東菜、辛辣的四川菜、甜濃的上海菜等等，用古烏茲塔明娜來搭，幾乎不會出太多差錯。

當然，除了古烏茲塔明娜之外，亞爾薩斯葡萄酒協會則認為家喻戶曉的北京烤鴨適合與灰皮諾（灰皮諾因酒體較濃郁，果香悠長，酸度較低，餘韻柔順，很適合配白肉尤其是家禽）搭配，但是建議最好不要加甜麵醬（主因甜麵醬味道過於甜膩，會搶走葡萄酒風味，不過我懷疑，不過少了甜麵醬，還能叫「北京烤鴨」嗎？）至於上海湯包因為搭配了含有糖、薑、醋的沾醬，甜中帶酸，要挑選適合的酒並不容易，他們建議可選擇酸度高、甜份夠、果味濃郁的莉絲琳遲摘酒；而海鮮或生魚片料理的清甜可藉由莉絲琳的清新果酸引出，泰式酸辣料理帶有濃郁的香料及辣椒味，當然也得拿出同樣馥郁香濃的古烏茲塔明娜來抗衡不可，總之，越辛辣的菜色搭配越甜的遲摘酒，越能引發雙乘效果。

美食和美酒要怎麼搭配才對味，其實不需過於拘泥公式，反正端憑個人味蕾決定。

有菜無酒好比有緣無份？

「我無法想像吃飯時沒有酒相佐，是怎樣的悲慘景象？如果沒有酒，儘管天下美食當前，但就像少放了調味料似的，對我而言還是索然無味。」

美酒與美食那種完美的結婚契合，從此過著公主與王子般幸福日子的意境，班或許不能完全理解，然而對他而言，最幸福的時刻，莫過於美食當前的一番小酌。

從不刻意挑選甚麼酒該配甚麼菜餚，當班坐在餐桌前準備用餐時，他的習慣性動作就是到冰箱或隨手從餐桌下「摸」出一、兩瓶酒來，不知為何，他右腳旁的那一小塊角落就像是取之不竭的藏寶盒般，總是藏有各式各款的酒。當然擁有小小酒莊的他，隨時要瓶酒都可以信手拈來，不成問題，他就常自我消遣的說：「我什麼都不多，就是酒多多！」（天哪！這聽在我的耳裡，怎麼覺得有點心酸？酒莊裡若酒太多，那感覺就好像出版社囤書多，絕非甚麼正面表向，唯一好處是囤酒可以一瓶瓶開來喝，囤書每本拆來了都一樣……）

對班來說，葡萄酒除了是解渴的最佳飲料外，美酒之於美食，應該就像是空氣之於人、水之於魚般的不可或缺吧！

中西飲酒文化之差異

無酒不成席的班，根本無法理解我和我的同胞們怎麼可以沒酒喝還吃得津津有味？兩度到台灣，儘管台灣美食及小吃令他驚艷不已（這點我必須承認，除了臭豆腐之外，舉凡蚵仔煎、小籠包、珍珠奶茶、阿婆芋圓、檳榔等等，班都頗能「入境隨俗」，適應力超強），然而他總是覺得有遺憾，讓令他渾身不對勁的原因，就是少了這麼一「味」～那就是葡萄酒。

我只能向他解釋，不管中西方人士都鍾情於杯中物，只不過兩地飲酒文化存在明顯差異，歐美人喜歡將其當作親朋好友間的潤滑劑，無論在家或外出

用餐，大家一邊享受美食，一邊慢慢地「品嘗」葡萄酒，共度那快樂時光，當然，為了避免破壞這歡愉氣氛，總得藏拙一番，不能讓人看見酒醉糗態，於是，「酒酣而不醉」為最高指導原則。至於東方人如台灣同胞們，較愛以「啤酒」或「烈酒」配菜，並被視為商場上社交應酬的重要籌碼，不同於西方人的「品酒」般小酌，東方人更愛「拼酒」、「乎乾啦！」那種一口飲盡的豪邁，才是「鐵錚錚的漢子」，才能帶動用餐氣氛，也是給敬酒者十足面子，因此，「杯底不能飼金魚」為最上乘境界。

如何在法國餐廳點酒？

先點開胃酒

法國餐廳提供的酒單種類不少，從前菜所適合的開胃酒、主菜所需要的紅白酒，甚至甜點可搭的甜酒，都應有盡有，通常到餐廳坐定下來，侍者會先趨前問客人要點甚麼開胃酒？開胃酒通常為香檳之類的氣泡酒，或是較為清淡爽口的白酒，其不僅開胃，更讓客人得以一邊翻閱菜單，思索該點甚麼菜時，一邊先喝上一杯。

再點佐餐酒

點完菜、吃完開胃菜及喝完開胃酒之後，接著又該傷腦筋要點甚麼酒來搭配主菜，翻開厚厚的一本酒單，品項五花八門，的確讓人眼花瞭亂，除了已經心有所屬，否則即使是葡萄酒專家也會向餐廳徵詢意見，請他們依據其預算、喜好及菜色推薦適合的酒款，就我的經驗值分析，經由餐廳推薦的成功速配機率約為50%，反正，許多經驗都從嘗試錯誤中學習，尤其對「知己知彼、百戰百勝」的班來說，到各餐廳「明查暗訪」其他酒莊的酒，不管酒質如何，對他來說，都是不錯的蒐集情報方式。

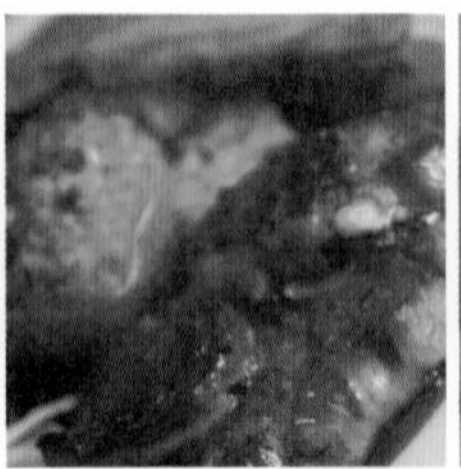

法國人愛品酒，從開胃菜一直到甜點，都有酒搭配。

另外的選擇—開瓶酒

一些平價餐廳會提供桌酒（Vin de Table）或產地酒（Vin de Pays）做為開瓶酒（法文Pichet、英文 Open Wine），桌酒品質當然不需計較，若嘗到口感不錯的桌酒，那可是撿來的幸運；至於多數餐廳，則提供AOC級做為單杯開瓶酒，當然得自信這些酒開瓶不久後都能順利售出，才能保證其新鮮度。餐廳通常提供4到5種開瓶酒供客人選擇，幸運的是亞爾薩斯多的是葡萄酒和愛好者，可在餐廳裡喝到價廉物美的當地開瓶酒，根據份量可分為Une Verre（單杯，12cl）、Un Quart（約2杯，25cl，通常以迷你葫蘆水瓶盛裝）、Un Demi（約4杯，50cl，通常以大水瓶盛裝），以及Une Bouteille（一瓶酒）。

註：L=liter為公升，cl=centiliter為厘公升、公勺之意，ml=milliliter為毫升，1Liter（公升）=100cl（厘公升）=1000ml（毫升）

亞爾薩斯的餐桌

為何我會說亞爾薩斯而非法國？誠如我之前跟你說的，無論在歷史、文化、習俗、飲食及語言上，亞爾薩斯都獨樹一格，並非那麼的「法國」，為了不以偏概全，我在這裡和你分享是亞爾薩斯的餐桌文化。

首先，讓我先告訴你亞爾薩斯美食的二三事。不似法國料理給人的印象總是精緻高貴、份量小巧，盤飾藝術出神入化，亞爾薩斯因為曾經隸屬於德國，再加上地理位置相鄰，文化和美食都深受德國影響，主要特色菜都很有那種鄉

村胖媽媽的溫暖，好吃不在話下，份量也很驚人，像是以豬肉、香腸、酸菜、馬鈴薯為主的酸菜白肉香腸鍋（Choucroute），還有以豬牛羊搭配各種蔬菜去烤的什錦雜燴燉鍋（Baeckeoffa）等，不僅食材豐富，還有都要很氣魄地倒入一整瓶甚至更多的白酒下去燉煮，身處酒鄉當然得就地取材，因此「以酒入菜」也成亞爾薩斯美食特點。

酒逢知己千杯也少

提醒你，若受邀到亞爾薩斯人家裡用餐，可要有心理準備，他們可是將「慢食理論」發揮得淋漓盡致，因為沒有個6小時，是離開不了餐桌的。在我看來，亞爾薩斯人沒有那麼注重美酒與美食「完美結婚」的繁文縟節，或是甚麼酒得配甚麼菜色一大堆約定俗成的規定，他們最注重的反而是餐桌氣氛，所謂「酒逢知己千杯少」，通常一頓飯一來，以4人份量來說，最少得開上3～4瓶酒，平均一人一瓶酒都不為過。

從開胃菜算起，先開上一瓶氣泡酒做為迎賓序曲，接著大夥兒正式入坐，前菜也上桌了，此刻，男主人則忙著開瓶，前菜以清淡為主，酒款也以具有清新果香味的白酒搭配，再來則是眾所矚目的主菜，酒款則白、紅相間，先來一瓶白酒，接著換上不同款的紅酒，主菜用畢，希望你的胃尚有空間容納接下來的美食，因為餐盤上各式各樣的起司都令人垂涎三尺，起司配紅酒也是絕搭，當那意猶未盡的滋味還在舌間跳躍時，別忘了繼續享用甜點，亞爾薩斯物產豐富，以時令漿果做成的水果派最為出色，舉凡蘋果派、櫻桃派、覆盆子派、藍莓派、紅莓派、蜜李派……，都讓那些直說吃到撐的女士們（我真的很納

當美酒碰上佳餚，是最幸福的剎那。

悶，這裡許多女士吃得可真不少，但為何身材還是保持得這麼好？），也會魔術般地變出另一個胃來塞那些大塊可口的糕點，當然此時，來上一杯同樣香甜的遲摘酒，也是不錯的選擇。

客官，我還要…

如果你以為甜點也用了，甜酒也喝了，該是為此次盛宴劃下句點之時，那你還是不了解亞爾薩斯人啦！除了再來上一杯咖啡外，他們還會再拿出個超迷酒杯和一、兩瓶透明酒瓶，別懷疑，還要繼續喝就是了！這不是葡萄酒，而是Schnaps（德文，法文為eau de vie，即生命之水，不過它不是水，卻是水果蒸餾酒，註1），有時他們會直接倒入咖啡裡，據說是用來幫助消化胃裡囤積過多的食物（我不知道這是否又是他們的藉口），男人可以大方地喝上酒精濃度高達45%的Schnaps面不改色，至於女人們就秀氣得多，從桌上取一塊方糖浸入Schnaps中吸收汁液，之後將方糖放到嘴裡慢慢含著，當地人稱其為「Canard」（鴨子），為何叫「鴨子」？據說讓方糖瞬間吸收酒液變得飽滿，宛若以填鴨方式讓鴨子的胃瞬間漲大之故。

每當看見Schnaps，就知道今晚宴席已屆曲終人散，其實只要酒對了，菜對了，人對了，氣氛對了，管它八字對不對，對亞爾薩斯人來說，這就是最完美的天賜良緣！

瑪琳達的美酒+美食筆記本

註1 強勁有力的生命之水～水果酒（Schnaps）

雖然葡萄酒為法國的全民飲料，然而對他們來說，水果酒才是生命泉源，這不難從其名稱「生命之水」（Eau-de vie）上看出，而品嘗葡酒得模樣優雅，然而喝生命之水時，就可豪邁地一口飲盡。

這神奇的生命之水宛若水般透明清澈，聞起來有著強烈飽滿的果香味，嘗起來雖強勁力道十足卻不辛辣，喉嚨不會有灼熱感，反而有著濃郁果香氣息，「不勝酒力」的我，以往碰到高粱酒都只能沾唇即止，根本無法入口，沒想到來到亞爾薩斯後，卻能淺嘗那醇厚卻不嗆的水果酒，甚至還為其香氣而深深著迷……。對亞爾薩斯男人來說，水果酒可是他們的餐後「點心」，「飯後水果酒，快樂似神仙」正是最佳寫照，他們相信，飯後來上一小杯的水果酒，有助於幫助消化，同時去油解膩，當然這是臨床研究證實或心理作用，則見仁見智。

以沸點高溫將水果裡的糖份轉化成酒精，水果酒酒精濃度往往高達40～45度，最常見的有櫻桃、覆盆子、梨子、桃子、蘋果、榅桲、西洋李，還有用榨過汁的古烏茲塔明娜葡萄皮蒸餾出的馬克（Marc），像是義大利的Grappe。

向來對釀製各式美酒「不遺餘力」的班，自然沒置身事外，不過法國相關法令極為嚴苛，可頗讓班困擾。他告訴我，除了要有蒸餾酒執照外，政府還規定，所有蒸餾用的水果必須出自於酒農自家花園或農場，不能向外界購買，「反正關起門來在家裡釀，那何妨多蒸餾一點？」我開始動起歪腦筋，「這政府早想到了！政府對於你家有多少棵果樹，每年可生產多少公升的水果酒，一天可以釀多少，都瞭若指掌！」

原來相關單位可不是省油的燈，為了管控數量（當然也是為了掌握稅收），酒農在蒸餾酒前需填具申請文件送至國稅局相關部門，包括水果種類、重量及預計蒸餾時間和公升等，待審查通過後，還得憑這份文件去領自家的管子才能開始蒸餾酒。

「領管子」？你沒看錯，為了怕有人三更半夜躲在酒窖裡偷偷蒸餾酒，所有酒農得把蒸餾時用來冷卻酒精氣體的管子交給相關人士「集中保管」，唯有憑文件才能領出來，而且必須在限時內「歸還」，所以想偷蒸餾酒？那可是門都沒有！

你知道我從滴酒不沾（我指的是烈酒）到喜歡上水果酒，除了那濃卻不嗆的口感之外，還有甚麼原因嗎？那是一種難以形容的氛圍。通常秋天摘果，等了一季的發酵時間後，酒農多在聖誕節前後蒸餾酒，在寒冷的冬天裡，只要走入高溫蒸餾室內，立刻被滿室燒得極旺的柴火及氤氳的果香味包圍住，剎時之間，那股溫暖香氣帶著我穿越了時空，回到小時候過年前，媽媽在廚房裡忙著蒸年糕及發糕的景象，稍稍撫慰了我這異鄉遊子的思鄉之情。

註2 我愛明斯特（Munster）起司，因為它很臭…

亞爾薩斯物產富饒，特色美食不少，真要令我難忘的是明斯特起司。明斯特為亞爾薩斯南方靠近佛日山的一座山城，以乳牛畜牧業為主，這裡生產的明斯特起司享譽盛名，其最大特色就是「臭」，和台灣的臭豆腐有異曲同工之妙（不過班可不這麼認為，他認為此臭非彼臭，明斯特那「臭得發香」的臭要比臭豆腐「香」多了）。記得和明斯特的第一次接觸是在班的友人生日宴會上，飯後友人將起司盤裡的明斯特遞了過來，要我嘗嘗看，沒想到才將其湊近鼻尖，那股比墨汁還臭上十百倍的嗆鼻味，讓我不禁作嘔，遑論吞下肚？我不好意思地婉拒了他的好意，幸好他也不介意，反倒說：「等你喜歡上它的那天，就是你正式成為亞爾薩斯人的那天！」當時的我斬釘截鐵地認為自己永遠無法成為亞爾薩斯人，因為我不會和自己過不去，吃這種其臭難聞的玩意兒。有一天，在班的遊說及影響下，我決定給自己和這臭玩意一次機會，為了不受臭味影響，我掩鼻從班手中接過一小塊明斯特，接著以「壯士斷腕」的決心將其塞進嘴裡，沒想到，一股濃郁的香氣在嘴裡迸開，還帶著豐富尾韻，讓人意猶未盡，此刻，我終於了解為何亞爾薩斯人會如此喜愛它，現在它也已成為我的最愛的起司之一了！

瑪琳達的葡萄酒廚房

你很清楚知道我並非廚神，也不是料理天后，之所以大膽地在此和你聊聊我的葡萄酒廚房，只因想和你分享那絕妙好滋味。我的廚房料理不多，卻都是我在亞爾薩斯耳濡目染，經由各地品嘗、高人（包括鄰居阿姨和班）指點及不斷試做出來的心得，尤其那些以酒入菜的亞爾薩斯地方美食，多了鄉村媽媽的味道，多了馥郁的葡萄酒香氣，嘗起來就是大大滿足。

酸菜白肉香腸鍋

La Choucroute garnie

亞爾薩斯美食天王非酸菜白肉香腸鍋莫屬，與南法的白豆什錦鍋（Casserole）同列為法國兩大鄉村菜，同樣食材豐富、份量十足，是冬天補身的家常菜，也是觀光客到亞爾薩斯必嘗的名菜。（或許是從小吃膩或熱量太高，班並不是特別喜歡這道菜，雖然每家傳統餐廳都有供應，不過每次看到有人點了這道菜，班就會說：『這一定是觀光客！』）

材料／份量：8人份

酸菜2公斤
蹄膀兩塊
1/2塊煙燻豬肩胛肉
300克煙燻培根
300克鹹培根
250克白香腸
4根煙燻香腸
4根史特拉斯堡小香腸
8顆馬鈴薯
2顆洋蔥
3瓣大蒜
1/4公升高湯
150克豬油
1/2公升斯萬娜或莉絲琳白酒

調味料

鹽、胡椒少許
1片月桂葉
8粒杜松
3顆丁香

做法

1. 先將酸菜洗淨並擠乾備用。
2. 熱鍋後，放入豬油炒切丁洋蔥，接著倒入白酒及高湯，然後加入蹄膀、豬肩胛肉、培根，以及所有調味料一起拌炒。
3. 將做法2的材料鋪於烤盤底，再將酸菜鋪於其上，之後，放入烤箱中以180℃溫度烤1個半小時。
4. 將香腸及馬鈴薯放入水中煮熟，再平鋪於烤好的酸菜白肉之上即完成。食用時，記得要沾芥茉醬才好吃。
5. 適搭酒：莉絲琳或斯萬娜

白酒燉肉鍋 Baeckaoffa

白酒燉肉鍋是份量超多的「一大鍋」，以亞爾薩斯特有的陶瓷燉鍋盛裝，傳統燉鍋以深藍及咖啡色為主，繪有精緻的花樣圖案，成為傳統亞爾薩斯家庭的重要擺設，也成為觀光客最愛的伴手禮。

做法

1.所有的肉切成2～3公分立方大小置入鍋中。

2.酒倒入肉鍋中，讓食材全部浸泡於酒中，加入所有調味料攪拌勻後，放入冰箱靜置24小時，讓酒及調味料可以充分入味。

3.馬鈴薯、紅蘿蔔、洋蔥洗淨，切大塊狀備用。

4.燉鍋先鋪上馬鈴薯，之後一層肉一層洋蔥、一層肉一層紅蘿蔔，讓蔬菜與肉層層相疊，再將剩下的有酒倒入燉鍋中，放入烤箱中以180℃溫度烤2～2個半小時即可。

5.適搭酒：白皮諾、灰皮諾、黑皮諾

材料／份量：5～6人份

豬肩胛肉或里肌肉約500克
去骨羊肩胛肉約500克
牛肋條約500克
1公斤馬鈴薯1公斤
紅蘿蔔約500克
洋蔥約250克

調味料

大蒜2～3瓣
巴西里、迷迭香、月桂葉、鹽、胡椒少許
白皮諾或莉絲琳
1/2公升

熱葡萄酒 Vin Chaud

這可是班的拿手絕活，每當他煮上一大鍋的熱葡萄酒請客人享用時，總獲得不少好評，還有客人跟他要食譜。寒冷冬天最適合來上一杯暖呼呼的「燒酒」，每年聖誕前夕的聖誕市集裡，總少不了許多賣熱葡萄酒的攤位，讓在冰天雪地裡逛街的客人可以暖暖胃，一杯價格約為2歐元，當然也可自己在家裡煮一鍋慢慢飲用，葡萄酒煮沸後酒精揮發了一些，剩下濃郁果香及肉桂味，帶有酸酸甜甜的滋味，對於酒量淺的人來說，喝上一杯也不是問題。

做法

1.萊姆或香吉士切片備用。

2.葡萄酒倒入鍋裡加熱，放入切片的萊姆或香吉士、肉桂、八角、砂糖，攪拌均勻，等滾了即可熄火，趁熱享用。

材料／份量：4～6人份

紅酒（須準備萊姆1～2顆）或白酒（須準備香吉士1顆）一瓶
肉桂3～4根
八角4～5個
砂糖約100克

香煎鴨肝佐覆盆子醬
Escalopes de foie gras aux Framboises

這是班的私房菜，表面煎得金黃的鴨肝鮮嫩爽口、香氣撲鼻，搭配上香甜的蘋果泥，再淋上酸甜的覆盆子醋醬，一口吃下去，那妙不可言的滋味，唯有親身感受方能領略，這是班最愛的聖誕節前菜，雖然鴨肝所費不貲，然而，當咬下去那剎那，你會發現，偶爾砸點銀子享受人間美味，是值得的！

材料／份量：5～6人份

新鮮鴨肝（鵝肝亦可）6片
蘋果泥（也可以換成櫻桃、杏桃等水果）約400克

調味料

覆盆子醋約100克
鹽、胡椒少許
糖2大匙
香醋3湯匙

做法

1.覆盆子醋、糖及香醋倒入鍋中一起加熱，攪拌成覆盆子醬備用。

2.以中火煎鴨肝，每面約煎2分鐘至表面呈金黃色即可，灑些鹽及胡椒調味。上桌前於鴨肝旁放些蘋果泥，同時淋上覆盆子醬即可，趁熱享用。

3.適搭酒：灰皮諾或古烏茲塔明娜遲摘酒

火焰明斯特起司 Munster Flambée

這也是班的私房菜，火焰明斯特起司（註2）屬於餐後點心，做法極為簡單卻相當討喜，「味道」濃郁的明斯特起司加上香氣強烈的水果酒，在嘴裡散發出層次分明且豐富的口感，就像一首愉悅的舞曲在舌尖舞動著，水果酒酒精濃度雖高，但瞬間燃燒後酒精已揮發掉，只剩水果的香氣，大人小孩皆能享用。

材料／份量：4～6人份

明斯特起司
（也可改用其他重口味的軟質起司約250克）
水果酒200ml

做法

1.明斯特起司以小火加熱5分鐘至半融化狀

2.上桌後迅速倒入水果酒，以火點燃水果酒，會出現約幾秒鐘的藍色火焰，待酒精燒盡即可趁熱享用，否則起司冷卻後會黏成一團，可難下手。

3.適搭酒：古烏茲塔明娜遲摘酒、灰皮諾遲摘酒

莉絲琳燉雞 Le Coq au Riesling

以莉絲琳白酒入味，讓雞肉肉質更為鮮美，同時富有清新果味，這道莉絲琳燉雞同樣也從亞爾薩斯紅遍了整個法國的名菜，比其前兩道傳統大菜，莉絲琳燉雞有白酒的清新果香，吃起來卻不會過於沉重，熱量也沒這麼高，成為愛美女士們的首選。

做法

1.雞肉洗淨切大塊狀備用。青蔥洗淨切段、蘑菇切片、大蒜去皮備用。

2.平底鍋開中火加入25克奶油，融化後加入蘑菇片拌炒，至蘑菇略軟後備用。

3.以中火融化50克奶油及沙拉油，放入雞塊熱炒，加入鹽、胡椒、肉豆蔻調味，至雞肉表皮微焦，加入青蔥與大蒜、白蘭地(或水果酒)略炒，加入莉絲琳酒和高湯及炒過的蘑菇，以小火燉煮約30～40分鐘。

4.上桌前，以麵粉、蛋黃及鮮奶油混合製成的醬汁淋於其上即可。

5.適搭酒：莉絲琳

材料／份量：4～6人份

雞肉：全雞或雞腿，總重約1.5公斤
奶油約75克
高湯50ml
青蔥約25克
大蒜1瓣
蘑菇約150克
蛋黃1個
莉絲琳酒30ml
白蘭地（水果酒亦可）20ml
鮮奶油10ml
沙拉油2大匙

調味料

麵粉約15克
鹽、胡椒及肉豆蔻少許

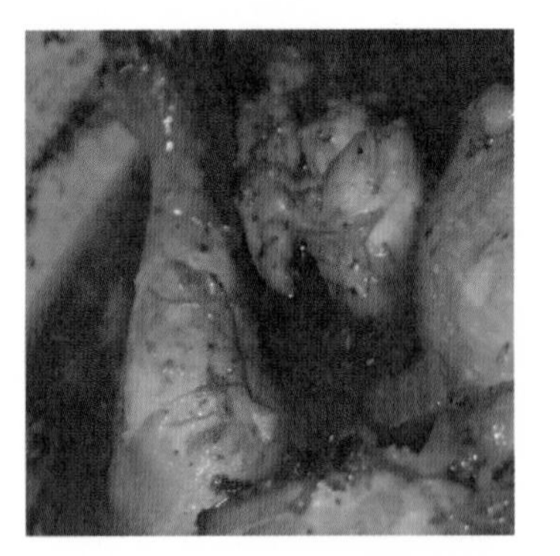

酒與餐的結合，是加、減、乘、除？如果喬不定，就同床異夢吧！

╳黃素玉｜台北用餐飲酒

恭喜你的身旁出現這麼一位貼心的「侍酒師」（註1），竟然一手包辦美食，還會在餐桌旁提供娛樂，表演魔術般地隨身一伸就信手拈來一瓶最「對」的酒，讓你的用餐驚豔指數直線上升甚至破表。每當想起此情此景，就對你就又妒又羨！因為相較你的美好用餐經驗，我在供酒餐廳，遇到美食與美酒完美結合的機率可謂屈指可數，原因可能出在我選擇的多半是中價位的餐廳（註2），提供建議的葡萄酒服務生也不是那麼專業，失敗的機率不低，讓我在歷經了幾次失望之後，開始視「同床異夢」為常態，偶爾遇到完美結婚的餐飲時，就覺得幸福得不得了。

美酒與美食搭得好，就如同一場完美的「結婚」，但想要覓得如此良緣，需要多嘗試多累積經驗。

首先，我必須招認，相較於我的喝酒年資，正式造訪供酒餐廳，卻是最近一兩年的事。在這之前，我當然也有「喝美酒搭美食」的用餐經驗，但等級很兩極化，其一是出席五星級飯店、高檔餐廳的記者招待會，因為吃的喝的都經過專業人士的精心策畫，所以兩者搭配得自是天衣無縫；其二是在朋友家或工作室聚會，葡萄酒大都從專賣店找來，除了必備的起士、麵包等基本款之外，隨著加入的人愈來愈多，也帶來滷味、鹽酥雞、小籠包、烤香腸等等中式小吃，胡亂搭、亂亂喝的結果就是時而齜牙咧嘴、時而笑得合不攏嘴。

後來，我對喝葡萄酒這件事比較認真了，也比較不會讓「胡亂搭、亂亂喝」的事件發生，但要我花大錢上高級餐廳點酒佐餐，也實在是非我族類的做法，所幸，不知打哪來的機緣，身旁的舊雨新知突然就串聯成一個小小的酒友圈，每隔一兩個月，我們就會刻意尋找可以喝酒又可以吃飯的據點，因為大家總是饑腸轆轆，所以通常是點完菜後，再來選一瓶白酒和一瓶紅酒，同樣的酒和菜，每個人的意見不一定相同，就算是大家都覺得不錯吃的菜加不錯喝的酒，有時「正正得正」，有時卻是「正正得負」，憑良心說，後者的經驗還多一些，所幸，好友歡聚的快樂已凌駕所有，我們還是吃得很enjoy、喝得很high。

許多人常以起司來搭葡萄酒，但最match的組合，也是要多方嘗試。

用酒佐餐的風氣未普及

隨著葡萄酒進口的品項愈來愈豐富，出現的地方也愈多元，不同等級的酒不只陳列在專賣店、大賣場、超商，也成為五星級飯店各廳、俱樂部，以及中式、日式、美式、歐式等高檔餐廳的必備品，就連尋常百姓出入的中價位餐廳也看得到它們的蹤影。

根據個人小小的觀察，也許是國人普遍「用酒佐餐」的風氣還未普及，提供葡萄酒的餐廳雖然不少，然而，他們在對外宣傳或曝光時，重點通常鎖定在各式美食特色上，很少會提到葡萄酒，所以就算餐廳有供酒，一般人也無從得知，除非透過口耳相傳，或是到了現場才知道。事實上，大多數的客人走進這些餐廳，都是為了享用美食而來，比較不會想到點酒來搭餐，就算有，常見的是全程只開一瓶紅或白酒，或只點一杯單杯酒（一般有紅、白酒可選），很少看到客人會隨著不同的前菜主菜來搭配不同的紅白酒，為什麼會如此？我想原因不外乎你提到的：餐廳提供的酒選項有限也不便宜、怕喝醉失態、看不懂酒單、介紹酒的服務生不夠專業等等理由。

其實，我覺得最追根究柢的原因還是：愛喝葡萄酒的人再多在台灣也只是少數族群，扣掉那些只出入某些高檔餐廳及俱樂部者、只專注於品酒不習慣用酒搭餐者、只喜歡在家喝自己買的酒來搭自己準備的美食者，一再地稀釋之下，會出現在中價位餐廳點酒佐餐者，自然是少之又少。

紅酒的擁護者較多

還記得採訪過一位進口酒商Dave，他說在歐美，紅酒與白酒的年均消耗量大約是1比1，但在台灣卻是5比1。你也提過，班很不解：台灣人為什麼一窩蜂地只喝紅酒、不喜歡喝白酒？你說他問倒你了，哈！如果他來問我這個「以前不喝白酒、現在也開始喝白酒」的人，我想我應該可以說出一番「不是專家見解、沒什麼科學根據、純粹個人想法」的小小說辭來。

為什麼獨鍾紅酒的人比喜歡白酒者多？其一，當然就是個人偏好，不必非得問出理由，不必掀起兩方大戰，就讓彼此尊重各自的選擇吧；其二，無論是大眾媒體還是個人部落格，紅酒的曝光率及各種報導就是比白酒來得多；其三，不管是相關知識、香氣、口感，「感覺」上，紅酒就是比白酒要來得複雜且多元，所以許多人品酒就是從紅酒開始，接觸愈多愈好奇、愈懂就愈專情。

餐桌上的實驗課

原先，我也是紅酒的偏執狂，卻在採訪過程中，被一些專家對於美酒搭美食的建議所引導，開始走出自己的象牙塔，他們說：「搭配的原則，主要就是『互補、提味』，或者是用『重』來壓『重』，如果搭，就會感受到口齒生香，如果不搭時，就會出現澀、腥等教人不喜的滋味。所謂互補、提味，比如日本料理的炸天婦羅、生魚片、香辣的川菜、泰國菜，都可以用不甜的白酒來搭，一來微酸的口感就好像檸檬的作用一樣，可以將海鮮的鮮味提出，二來冰涼微酸的酒可以緩和味蕾上的刺激感，讓料理的口感更怡人；所謂重壓重，比如偏甜的重醬味料理，可以選擇較甜、甚至很甜的白酒來搭；另外，在夏天的烤肉、野餐會時，可以帶上一瓶冰涼微甜的粉紅酒，因相較於紅酒的『重』、白酒的『輕』，它更中庸也更具包容性，不管主食是肉類還是海鮮都很配。」

於是，為了應證專家的說法，那年夏天，我可是喝了不少白酒、粉紅酒。也許是因為搭配了食物，我不喜歡白酒的理由，比如酸、甜、冰，被食物這麼一中和，不但和緩許多，有時甚至因為餐酒彼此呼應、互補的完美結合，讓我品嘗到一次又一次教人驚豔的感官經驗。

最近我常在想，走進葡萄酒世界有許多途徑，如果我一開始就是從日常餐桌上接觸到葡萄酒，有許多的機會去體會「美食與美酒搭配」的無限可能性，就算自己還是有所偏好，但至少不會一直將眼光鎖緊在紅酒上；如果許多人也跟我一樣，是從品酒開始愛上紅酒，就是不喜歡或酸或甜還得冰涼飲用的白酒，就是不肯打開心胸去嘗鮮，比如我喜歡的「微酸不甜的白酒搭生魚片」、或者你推崇的「頗甜的貴腐酒搭鴨肝」，不曾親自感受過白酒搭某些美食所創造出來的驚人美味，任我們說得再天花亂墜、再強烈推薦，也改變不了紅酒死忠擁護者的心吧？

01、02、04 在義大利餐廳，可以享受到美食，還可選搭義大利葡萄酒。 03美酒配美食，向來就是外國人士日常生活的必需品。 05一些酒坊不僅賣酒，也提供美酒與美食搭配的建議。

充滿變數的搭配

許多人都聽過：紅肉搭紅酒、白肉海鮮搭白酒、甜點搭甜白酒、歡樂場合開一瓶香檳或氣泡酒等基本規則。同時，許多人也都了解這不是絕對不變的定律，畢竟，不同國家地區酒莊生產的紅白酒各有特色，沒親自試過，很難單憑品種、對酒莊的基本認識就能夠選「對」酒，就好像我依據專家的建議來選酒搭餐，結果也不是每次都「合得來」，所以我雖然贊同你說的「美酒與美食，就好像一對來自不同國度的戀人」，因為它們在本質上就是不一樣，但有時，我也會覺得最沒創意卻最穩當的「結婚伴侶」，也許是生長在相同風土條件下的酒與料理，因為「最佳搭配」常常是經過經年累月不斷地嘗試錯誤後才得來的結論，如果是在相同的環境，不管是找酒找食物都輕鬆多了，不但比較容易進行各種實驗，也比較能夠創造出最值得推薦、最普及於當地民眾的搭配法。

當然，美酒搭美食的有趣之處，就在完全不相干的A遇上了B，進而產生了不可思議的絕妙滋味，也是因為有這樣的可能性，才讓在台灣的葡萄酒愛好者激發起無比的信心，想要創造出專屬於這塊土地的「異國之戀」！

哈，說來很有雄心壯志吧？但操作起來卻不容易，事實上，根據我個人不多的經驗值來看，西式料理比中式料理還搭葡萄酒（我的媒體朋友曾經邀請知名的專業人士，設計幾款中式食物搭葡萄酒的menu，結果是不如預期），原因可能很複雜，但也許只有一個，那就是我的火候不夠，但沒有人規定必須專業人士才能品酒、必須懂酒懂菜才能進行「美酒加美食」的實驗課，尤其這樣的實驗課，一點都不枯燥，有得吃有得喝，還可以「扮品酒專業人士、大玩鬥嘴鼓的遊戲」，可熱鬧得很哩！

用心品酒VS.輕鬆喝酒

其實，上品酒課時，許多專業品酒人對美酒搭美食的做法，是採取「不鼓勵但也不反對」的態度，因為在這樣的場合裡，本意是學習，主角是酒，尤其在一瓶希罕或珍貴的酒粉墨登場時，如果搭錯了食物，或讓食物搶了手采，不就可惜了主角的賣力演出嗎？但，如果是轉了場景，換成了一般的供酒餐廳

裡，他們的心態就輕鬆多了，甚至會建議大家，除非你了解、特別喜歡某瓶酒，不然，不需要點太貴的酒，因為還沒試過，成功與失敗的機率各占一半，不搭，就真得白搭了！反之，你也可以帶熟悉的酒上餐館，進行自己的實驗課，好處是已充分掌握了美酒的特色，再去選大廚所烹調的美食，成功機率大為提升，壞處則是必須額外付出開瓶費，一般從600～800元起跳。

以上是站在消費者的立場，那餐廳的老闆或主廚又有什麼觀察和建議？他們告訴我，最有趣的一個現象就是：酒單上，最貴和最便宜的酒都比較少人點，許多人都是從最中價位的酒下手，覺得這樣比較「保險」。但站在想讓所有客人都感受到「賓至如歸」的心情，他們最想跟不是很懂酒卻很想嘗鮮的客人說：「放輕鬆，別被酒單嚇到了，不妨就量力而為、不要太嚴肅、不要自我設限、不要害羞，儘管開口說出自己的需求，包括預算、各人口味的喜好，然後，請大家相信並尊重專業的建議！」畢竟客人通常是點完了餐才點酒，而最了解餐食特色的正是店家，所以至少給他們一個機會，如果覺得好，請大家不吝給予鼓勵和掌聲，如果覺得不佳，也請大家說出來，讓他們可以再次學習。

不管是懂酒再來選餐，或是懂餐再來挑酒，都不是享用「美酒搭美食」的必備條件，事實上懂或不懂是比較級，真要打擂台，永遠會出現更厲害的人，所以與其完全準備好才走進餐廳，還不如就放寬心，直接登堂入室，讓美酒和美食自己來和你對話；與其用「踢館」的心態去批判眼前的餐酒，還不如用享樂的心態來品味它們。

體會慢食的真諦

你說，班無法想像吃飯時沒有酒相佐，是怎樣的悲慘景象？哈，我想你和我一樣，常常為了吃到一碗熱騰騰的麵、一盤各式各樣的甜不辣、一道集結了許多好料的小菜拼盤而覺得幸福得不得了，它們帶給我們的愉悅感，並不需要藉由酒來錦上添花，不過，我也同意「以酒佐餐」有它無可取代之處，除了搭配時可能產生教人驚喜的化學變化之外，最重要的就是：開了一瓶酒，一定會拖慢大家用餐的速度，一不小心就躍進慢食的圈子裡。

許多企業界的大老闆在宴客時，喜歡到誠品酒窖選酒買酒。

你注意到了嗎？以前我們吃小吃，頂多20分鐘就搞定，上餐廳吃飯，最多不會超過一個半小時，之後就要轉移陣地去喝咖啡聊是非。現在，我和我的酒友們去供酒餐廳，一邊吃一邊喝一邊東聊西扯，至少都要兩三個小時，有時待到餐廳打烊了還意猶未盡。一樣是吃飯，就因為多了葡萄酒這個兼具「國際化、流行學與話題性」的貴客，其間，我們必須細細咀嚼每一口料理，還要記得把食物吞下肚後，再聞聞香、輕抿一口酒，用心分辨味蕾接收到的滋味到底是加分還是減分，不時還要碰碰杯、聊聊各人的心得感想，五官全部都在忙的結果，就是吃喝得特別慢，慢到我們不知不覺地就感受到慢食的真諦，享受到慢食的樂趣！

很多老生常談有它的道理，比如吃飯要細嚼慢嚥，但知道是一回事，做不做得到又是另一回事了，因為以酒佐餐的經驗，讓我養成了「細嚼慢嚥」的習慣，懂得以欣賞品味的角度去面對眼前的餐酒，學會用珍惜的心態去感恩生活中出現的美好，而最美好的那一刻，就在與朋友共享一瓶酒、一道料理的這個當下！

黃素玉的飲酒用餐筆記本

註1 何謂侍酒師

侍酒師（法文sommelier、英文稱之為wine steward），工作內容包括葡萄酒的採購、酒單的安排、提供客人最恰如其分的介紹和建議、酒的遞送、服務、訓練餐廳的其他服務人員，以及貯藏和看管酒窖。在歐美日，必須經過考試取得正式證書，才能被稱為侍酒師，他們或是與行政主廚（chef de cuisine）分庭抗禮，位於同一個等級，即高階層的領導地位，或是身兼主廚或老闆的身份，有時甚至是三位一體。相較於經常待在後場忙碌的主廚，侍酒師一般都會站在最前線，能夠和客人面對面溝通，也能藉由觀察客人用餐喝酒的情形來掌握他們的喜好，因此，主廚在開菜單時，通常會和侍酒師討論，也就是說，侍酒師雖然不做菜，對於餐點的搭配，卻擁有極大的左右權。

在台灣，也有一些人透過在國外的考試，取得了正式的侍酒師證書，但在國內的餐飲業，並沒有為他們特別架設舞台，簡言之，他們不見得有機會出現在高檔餐廳、為客人提供更專業的服務。

2010年，由一群有心人發起、成立了台灣侍酒師協會，英文名稱為Taiwan Sommelier Association （TSA），法文名稱為Association des Sommeliers de Taïwan（AST），宗旨就是為了集結國內餐飲業的優秀人才，成為一致對外的窗口；協會的目的，則主要鎖定在爭取並運用台灣與國外的資源來提升國內的葡萄酒專業知識；協會的活動，包括了定期舉辦由專業會員主導的葡萄酒專題研討、邀請來台參訪的酒莊代表講課與各國在台辦事處合作邀請專業會員參訪葡萄酒產區等等。協會網址為http://www.sommelier.tw/

註2 中價位的供酒餐廳

每個人對中價位的定義不同，我只能用個人的經驗值來做介紹，以4人為基準，點餐後再各加一瓶紅酒及白酒，每一個人平攤下來的金額，如果在1500～2000元上下，對我來說就是中價位。當然，價錢的高低與點餐的數量、定價，以及開瓶酒的單價都有關，很難一言以蔽之，最好的方法，就是親自前往、看著辦囉！

＊汀恩德魯卡（DEAN & DELUCA）

位於台北市復興南路一段39號的微風廣場B2 ／飲食區提供日式生魚片、各種握壽司，以及西式的涼菜、沙拉、義大利麵、牛排等料理，酒櫃就在日式吧台的旁邊，提供各種紅白酒，點菜、點酒後，服務生會依你所點的酒，準備好冰桶、酒杯，還會為你倒酒。

＊Solo Pasta Cucina Italiana

台北市安和路一段29-1號／02-2775-3645／提供極具特色的義式餐點，但只提供兩種紅酒，但也許是經過老闆的精心試驗後的選擇，餐搭酒，還蠻配的。

＊Trattoria di Primo

台北市復興南路一段107巷14號1樓／02-2711-1726／提供各種義大利菜，生意很好，菜色也頗具特色，酒單選項主要為義大利酒。

＊ABU

台北市四維路28號／02-2707-0699／提供法義創意料理，主廚為前台北希爾頓飯店香港大廚布榮秋。

＊叉子餐廳 forchetta

台北市大安區安和路一段127巷4號／02-2707-7776／提供複合式料理，以及新舊世界的葡萄酒。

＊酒商推薦的供酒餐廳（中～高價位）

中式餐廳：陶陶、彭園、上海故事、非常好海鮮、吉品海鮮。

日式餐廳：花酒藏、七味屋、三井、竹村、牡丹園等、新四季懷石。

西式餐廳：向日葵（歐陸）、SOMMELIER小酒館（歐陸）、貝里尼（Bellini，義式）、JOYCE EAST（義、法、亞洲料理）、La Giara（義式）、Luna（義式）、Romano's Macaroni Grill（義式）、LAWRY'S（西式）、BARBADOS（西式）、卡內基（Camegie，PUB、美式）、CHILIS（美式）、茹絲葵牛排、小統一牛排、尚林鐵板燒、新濱鐵板燒。

＊其他飲酒用餐的據點，參見P119～123

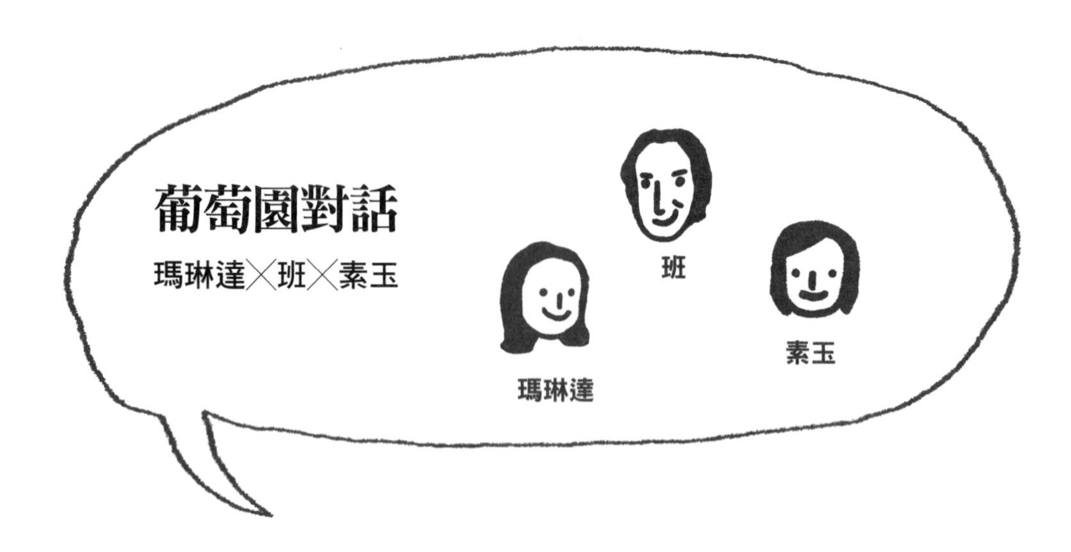

素玉：「原先，我以為在台灣，只有五星級飯店、俱樂部，以及高檔的餐廳才提供葡萄酒，後來，經過我親自造訪及多方蒐集資料後才發現，其實有不少的中價位餐廳也有提供葡萄酒，不過我想當然比不上歐洲普及吧！」

瑪琳達：「的確是，對於歐美人來說，葡萄酒不僅是飲品，更是文化、藝術、享受，絕非供發洩情緒的療傷系用品（如此似乎褻瀆了酒農及釀酒者，誠如班常說：『酒，是要快樂的時候才喝！』），加上葡萄酒文化自羅馬時代，已深植數千年，早和他們的生活密不可分，在歐美尤其主要葡萄酒產國如法國、義大利，美食與葡萄酒已畫上等號。在這裡，不管何種等級、價位，無論提供何種料理（中國餐廳亦然），若沒有酒單，不僅不配稱做「餐廳」，恐怕也很難生存。」

素玉：「相較來說，在台灣的葡萄酒愛好者，比較喜歡邀請朋友到家裡品酒，或者參加各式各樣的品酒會或課程，來品嘗來自世界各地的酒款，比較少刻意前往餐廳點酒佐餐，就算有意願，一般人選的還是中價位的餐廳，但在這些地方，常發現酒單品項不夠齊全，而且整瓶開酒，從500元到好幾千元不等，單杯或開瓶酒的選項更少，經常只有一至兩種，因消費者少，餐廳開瓶賣單杯較不划算，所以定價也不會便宜，一般在250元上下，總總的高門檻限

制，讓上餐廳點酒佐餐的人數一直少見大幅提升。」

瑪琳達：「在歐洲，就連在尋常老百姓出入的一般大眾化餐廳，餐廳也會提供開瓶酒（Pichet），單杯酒價格在新台幣100～150元上下都很常見，至於想要開一整瓶酒，也是新台幣一千元有找，和當地物價相比，不但「平易近人」，甚至可以說是物美價廉！也因此，在這裡的餐廳用餐，除了未成年者、孕婦和健康狀況不允許者只能喝果汁或礦泉水之外，幾乎可見每桌人手一杯酒，愉快地享用餐廳呢！」

瑪琳達：「除了餐廳外，東西方飲酒文化差異還可從「敬酒詞」、眼神交流及一些習慣上一探究竟，其中我也發現了許多趣點，就從敬酒詞開始，東方人無論台灣、日本等，最常說的就是『乾杯』，所謂先乾為敬，當然得很阿沙力地一口喝完，若真是不勝酒力，不能『恭敬不如從命』的話，也可說上『你乾杯，我隨意』如此字眼，接著嘴巴輕碰酒杯，算是給了敬酒者的面子。許多人喜歡藉由敬酒表達心中謝意，而『禮多人不怪』，往往一頓飯下來，就得敬酒不下數十次，被敬酒者再回禮敬酒，這一來一往不間斷，於是乎，『乾杯！』、『謝謝！』席間此起彼落地響著，可熱鬧極了！至於西方人飲酒，最愛說的就是『Cheers！』，當然這是英語系國家的敬酒詞，誠如我之前所說，大夥兒聚在一起喝酒本是件歡愉之事，所以舉杯大聲說出Cheers！也將氣氛帶到最高點；至於身為葡萄酒泱泱大國的法國，不說乾杯，也少用Cheers，他們最常用說的卻是『Santé！』（祝身體健康！）」

素玉：「咦？這可奇怪了？喝太多酒不是有礙身體健康，怎麼法國人敬酒卻要祝對方身體健康，這不是矛盾嗎？」

班：「這可是有典故的，相傳中世紀黑死病肆虐之時，許多人因此不敢喝飲用水，有錢人『只好』以酒代水，渴了就喝葡萄酒，沒想到喝到最後，居然都沒事，健康得很，避過了這一劫之後，後來漸漸演變成只要喝葡萄酒，大家都會舉杯祝對方『健康』！」

瑪琳達：「我不知道這是你們法國人為讚揚葡萄酒而編派出來的理由與否，不過除了Santé，我很喜歡的另一句敬酒詞：『Bonheur』（祝幸福！通常接於Santé之後，意即健康快樂），那感覺就像時下年輕人最愛說的『一定要幸福唷！』，聽起來就是窩心！另外，另一句很適合情侶的敬酒詞則是：『A Nous！』（祝我們！），簡單地祝我倆，可以是健康、愛情、幸福、未來……，一切盡在不言中。」

素玉：「哈，很有趣。那你們喝葡萄酒也會一直碰杯嗎？」

班：「西方人舉杯敬酒時，為了表示尊重，不僅舉杯示意而已，還會向在場所有人一一互碰酒杯，發出那『匡啷』的清脆之聲，甚至會有迴音不絕於耳（尤其是那高檔的水晶玻璃杯），在說敬酒詞及碰杯之時，雙眼務必注視著對方眼睛，意將對方看進眼裡，而越深情越顯誠意，至於敬酒詞整個席間只會說那麼一次，不像你們熱情的台灣同胞們總愛三不五時就端起酒杯來敬酒，」

瑪琳達：「的確如此，我們特有的敬酒習俗讓班一開始還真有點丈二金剛摸不著頭腦，好不容易才舉箸將食物夾進嘴裡，又有人來向他敬酒，令他急得趕緊放下筷子，猛吞食物，再拿起酒杯說著不流利的國語：『謝謝，謝謝！』席間他偷偷問我：『這廂不是才剛敬過酒了，怎麼那廂又要再敬？』聽了我的解釋後，班才似乎稍微懂了那「杯酒釋兵權」的微妙政治社交語言。」

班：「不過我還是有一點不懂，葡萄酒就是要慢慢品嘗，靜靜感受其迸發出來的神奇氛圍，那最簡單不過的享受，哪來這麼多複雜的東西呀？」

素玉：「班那麼懂酒，在聚會喝酒吃飯時，會不會愛玩『盲飲』遊戲？」

瑪琳達：「或許是得了『職業病』，每次和班到親朋好友家作客時，這群葡萄酒愛好者總愛隨性地在餐桌上玩起盲飲遊戲，主人把酒標遮住，要客人觀

色聞香品味後，猜猜該酒的葡萄品種、原產地以及年份等等，通常不限國家、產區、品種、年份，雖然範圍過於海闊天空，不管對與否，這群男人還是玩得不亦樂乎。基本上，葡萄酒素養還算深厚的班，對於猜品種、年份、產區方面，都還有些勝算，每當和結果相去不遠時，他就忍不住地小小驕傲了一下，答案揭曉後，大夥兒邊喝酒邊品頭論足一番，若是一瓶好酒，儘管身為同行卻不相忌，班總會大方稱讚之，同時互相交換意見及經驗，終究『千金易得，好酒難尋』呀！」

素玉：「用餐時，你可否建議葡萄酒該怎麼搭食物喝？是一口菜一口酒？還是吃完全部食物再喝酒？」

班：「通常一開始先喝酒，品嘗葡萄酒的原味，之後再進食，用酒入喉的餘韻來感受食物的美味，所以應該是一口酒一口菜，記住千萬不要還沒下嚥就急著喝酒，若混在一起會破壞了兩者味道。」

瑪琳達：「有人說睡前可來杯葡萄酒有助於睡眠？真的嗎？」

班：「如果喝上一瓶會睡得更快更好！哈！當然我是開玩笑的，其實，依照我個人的經驗，如果晚餐配酒，的確可以幫助消化，讓自己睡得較好，不過酒絕非安眠藥，加上酒精比較像是興奮劑，純看個人體質而定，有些人或許能夠說得更好，但小心有時反讓人過於興奮睡不著唷！」

瑪琳達：「你個人最喜歡什麼樣的紅白酒？曾喝過什麼令你樣像深刻的酒嗎？」

班：「我呀！我喜歡的酒應該多到數不完吧！我平均1天約喝0.6公升的葡萄酒，嘗過的酒不下千百種，雖然多數人對喜歡夏多內豐富飽滿的果香，不過我最喜歡的白酒品種還是莉絲琳，因為它的細緻優雅特質，它具有微妙和清新的果味，在鼻尖和喉間久久縈繞不去，讓我情有獨鍾；至於紅酒，當然優雅的黑皮諾是我的最愛，其果味雖濃郁卻不顯沉重，單寧也較柔和，另外我也愛波爾多區聖愛美濃（Saint Emillion Grand Cru）的酒，它是由卡本內和梅洛混釀而成，口感強勁，果味濃厚，口感複雜完整，還有隆河（Cote du Rhone）的Cornas，它是由希哈所釀製，有著黑醋栗、甘草和皮革等強烈複雜的味道；我還喜歡蔚藍海岸Bandol區的酒，而有一次我曾在瑞士嘗過一款令我非常驚艷的酒，我個人認為瑞士紅酒雖名不見經傳，表現卻非常突出，還有我記得第一次喝到朱哈的黃酒，也讓我記憶猶新，因其與眾不同的口感，超乎一般人想像。」

瑪琳達：「若平均一天喝0.6公升的葡萄酒（根據統計，中國消費者平均每人一年消費0.5公升葡萄酒，等於班一天所喝就比中國人一年所喝還來多……），代表一年約喝了220公升，以一瓶酒容量為0.75公升來算，也就是一年喝掉了290瓶酒，若以25年酒齡來計算，代表至今他共喝了7千瓶酒，這還不包括蒸餾酒和烈酒……。」

Chapter 5

購酒經驗談

你在亞爾薩斯　我在台北

身處兩地　對酒的喜好也不相同

對選酒的想法卻相當一致

那就是多喝多試多多精進自己的功力

他人口中的好酒

永遠比不上一瓶教自己怦然心動對的酒

選酒是門技術更是藝術 用自己的感覺來選吧！

╳ 瑪琳達｜亞爾薩斯選酒

「至今我還記得那支酒。那不是什麼波爾多五大酒莊之酒，也不是什麼特有佳釀年份之酒，只不過是之前在德國超市看到順手買的，一瓶才5、6歐元，當我們品嘗時，卻被那果味濃郁、圓潤柔順的口感而吸引，相較於前一天那款價格不低，最終卻因酸澀堅硬被移至廚房作料理酒的法國隆河紅酒，這支採用新款葡萄釀製的德國紅酒卻帶給我們無比的驚艷。」

相信你也有類似和我一樣經驗，站在量販店葡萄酒專區前或葡萄酒專賣店裡，面對成千上百的酒款東看西瞧，儘管有時銷售人員在身旁滔滔不絕，還是不知該如何下手？要選舊世界的法國、義大利、西班牙或德國酒，還是新世界的美國、智利、南非或紐澳酒？如果想試試法國酒，那該選波爾多、勃根地、隆河谷地、羅亞爾河，還是亞爾薩斯？如果從年份切入，是否應該先把不同地區的佳釀年份背好？非得要選佳釀年份的酒嗎？如果從品種下手，應該選何種葡萄品種？如果考量價格，該選便宜的？還是多花一點錢買貴一點的？如果價格差不多時，又該選擇法國酒還是新世界酒？這種種問題在腦海裡轉呀轉的，有時乾脆想以「數枝」方式隨便抓就好，或是看哪支酒比較「漂亮」或「對眼」也可。

哈！當然這是玩笑話。

選酒就像讀心術

的確，全世界大小酒莊及酒廠不下數萬家，酒款及品種更是多得難以想像，想要挑一支適合自己的好酒，有時就像大海撈針一樣難，但如果換個角度來看，

其實也沒這麼難，因為選酒術也像是「讀心術」，你所偏愛的酒款多少洩漏了自己的個性，所以與其找「有名」的好酒，不如去挑「適合自己」的好酒。

打好基礎功夫

當然，要學會如何選酒，首先必須打好基礎功夫不可，就我的經驗來說，一開始涉獵葡萄酒這玩意時，就和所有入門者一樣，藉著熟讀許多葡萄酒專家寫的書或參加各種品酒試飲會來增長見聞：認識了全球主要釀酒葡萄種類的特色，瞭解了各地的風土條件，知道了近十年來全球產區的佳釀年份為何，更對那名聞遐邇的波爾多五大酒堡及勃根地著名酒莊，還有多款所謂「夢幻」酒如數家珍。（當初背得可高興，現在覺得如你如我這樣的凡夫俗子，這輩子恐怕只能「遠觀而不能褻玩之」，還不如實際點，起身去找適合自己的酒吧！）

知道自己要什麼

當你準備好身體力行選酒時，請記住「盡信書不如無書」，先把那一本本厚重的葡萄酒聖經、專家經驗或餐廳或店家的舌燦蓮花拋在一旁，開始用「自己的感覺」去尋找，因為世上好酒就如同好對象一樣，雖不少，但要找到適合自己、自己也喜歡的並不容易，所以最重要的事就是知道自己要什麼。

保持開放的心

接著是保持「開放的心」去大膽嘗新，不要拘泥於既有的已知品牌，或者非哪個產國、產地或品種的酒不喝之類的「無聊堅持」，因為一旦故步自封，那通向葡萄酒世界的康莊大道將變成羊腸小徑，所以，有機會就多試試其他沒喝過的酒（總是要給其他酒莊或釀酒師一個機會吧！）若是不好，就當作給自己一次經驗，若是挑到了好酒，那就是賺到了，無論如何，都是意想不到的收穫。

對葡萄酒常見的誤解

許多入門者最常碰到的瓶頸，就是不懂裝懂、人云亦云，總覺得挑便宜、沒聽過的酒怕被人笑，只好打腫臉充胖子去挑波爾多或勃根地的名酒，以為跟著名氣走，總不會有閃失吧！但真的是如此嗎？

產地決定高低？

儘管全球葡萄酒產地及品種千百種，不過對於一些人尤其是入門者來說，波爾多和勃根地紅酒彷彿成了葡萄酒的全部，不可否認地，波爾多及勃根地紅酒具有舉足輕重的領導地位，彷彿只要它們打個噴嚏，全球葡萄酒市場就要感冒似的。

眾所皆知，波爾多有著那享譽世界的瑪哥堡（Chateau Margaux）、拉圖堡（Chateau Latour）、拉菲堤堡（Chateau Lafite Rothschild）、奧比昂堡（Chateau Haut Brion）、慕桐．羅吉德堡（Ch. Mouton Rothschild ）五大天王，或者是素有「紅酒之王」之稱的勃根地何曼尼．康帝（Domaine de La Romanée-Conti，簡稱DRC）莊園所產的La Romanée-Conti等，這些酒莊的一軍酒，市價沒有個幾萬元買不到，就連二軍酒（副牌酒，通常品質較次等的酒會被打入二軍之中）的價格也不低。

當然我不否認，品嘗五大堡夢幻酒是許多酒迷所夢寐以求，我也是其中之一，只不過「夢想」和「現實」總有些差距，況且在我看來，唯有當你真正懂得葡萄酒，真正想為了品嘗而品嘗，真正想要一探那潛藏的尊貴靈魂，而非因其名氣、價格，或附庸風雅及炫耀心態之時，才代表你準備好了。

生於波爾多右岸的彼得綠堡，號稱酒王。

01、02香檳酒也是許多人接觸葡萄酒的入門款。 03、04法國勃根地及隆河的酒，是宴客時的好選擇。

你會不會想說，就算買不起那些葡萄酒天王、天后們，那最起碼買二軍酒或同個產區不同酒莊的酒也可（或許你會想所謂『近朱者赤、近墨者黑』，位在五大堡附近的酒莊品質應該也不會差到哪裡），反正只要打著名牌酒區酒莊的旗幟，總不會錯吧？對於你無可救藥的「名牌」執著，我深感佩服，也必須承認這不啻為一種選擇的方法。

同樣波爾多地區的酒，品質就一定和五大堡接近？我在前文中曾提過，釀酒好壞取決於天地人，儘管天與地的風土條件相同，然因人的差異終究會導致酒的差異，人的影響愈深、差異愈是天南地北。對於初入門者，若一開始即掉入了名產地及名牌的泥沼之中，久而久之，難免有井底之蛙之憾。就拿身處於酒鄉的亞爾薩斯人做比喻吧！這裡儘管有享用不盡且價廉物美的葡萄酒，不過他們卻不會因此而滿足，還是喜歡蒐羅來自四面八方、各種品種及等級的酒，與好友分享之，如此一來，他們對葡萄酒的認識就不會只侷限在家鄉的格局，而是更為開闊的世界觀了。

品種決定命運？

一般人認識的釀酒葡萄品種，紅酒不外乎卡本內・蘇維翁（Cabernet Sauvignon）、卡本內・佛朗（Cabernet Franc）、梅洛（Merlot）、黑皮諾（Pinot Noir）、希哈（Syrah/Shiraz）、嘉美（Gamay）等；白酒則有夏多內（Chardonnay）、白蘇維翁（Sauvignon Blanc）、莉絲琳（Riesling）等，這些主流品種佔去了葡萄酒市場一大塊。

除了上述主要品種外，其實全球還有不計其數你我聽都沒聽過，遑論喝過的品種，像是向來愛嘗鮮的德國（當然這在法令極為嚴謹的法國是天方夜譚！）以及新世界國家都會嘗試栽種新的葡萄品種，釀成新款的酒，有時也會有意想不到的新發現，所以偶而試試選購新品種所釀成的酒，也是品酒樂趣之一。不管如何，記住不妨先當個「花心」的酒迷，唯有讓自己的感官和它們一一談個戀愛，才能從中了解不同葡萄品種特色，看到最後，究竟誰才是你的「最愛」！

顏色決定喜好？

至於紅酒與白酒到底哪種比較好？兩者如何分出優劣？還是老話一句，純粹看個人喜好、菜色、場合、天氣，甚至心情而定。紅酒酒體紮實渾厚，香氣馥郁深邃，單寧較多較澀，好比一本內容雋永、字字鑿刻的偵探小說，需花較多心思方能領略其中奧妙；至於白酒果香清新，酸甜適中，清爽易入口，則

像一本高潮迭起、深情甜蜜的浪漫小說，只要讀過就能立刻心領神會。若偏好重口味，可以從紅酒下手，至於對初學者尤其女性來說，一開始就學別人喝紅酒，或許會被那厚重的單寧酸澀味給「嚇到」，一杯香甜清淡的甜白酒，或許會是比較好的入門酒款，可以輕鬆地帶你跨入葡萄酒之門。

年份決定好壞？

年份雖是選酒指標，但也可能是陷阱！有人過於注重年份，對於近一、二十年的大年份如數家珍，買酒也專挑佳釀年份的酒款，心想就算沒喝過，如此選酒總不會有閃失吧！而真是如此嗎？

「對我而言，沒有所謂的大年份，只要自己夠努力，認真栽培葡萄及釀酒，年年都是佳釀年份！」當我提及佳釀年份時，班這麼告訴我。

當然，依照每年天候不同，葡萄品質會有所差別，佳釀年份的完美葡萄或許可讓酒莊毫不費力地釀出好酒來，然則，歉收年份的酒就一定不好嗎？雖然欠缺了「天地」的關照，不過多了「人」的呵護，其實即使是歉收年份，因為多了一份「用心」，也有可能釀出好酒來。再來世界之大，各產地天候當然也不相同，佳釀年份也不一樣，譬如波爾多的佳釀年份或許剛好是加州的歉收年份，又或同一產地因採收時期正逢大雨，所以被歸為歉收年份，但如果有些酒農早有遠見地在大雨來前就已先行採收，那該年對這酒農而言，是否應該稱為歉收年份呢？所以千萬別一味地被佳釀及歉收年份牽著你的鼻子走。

年紀決定優劣？

眾人皆盼青春不老，對於葡萄酒卻覺得愈「老」愈好，不過老酒真是越陳越香嗎？也對、也不對。一般說來，低價的、新世界的、酒體輕的酒，其適飲期（即為酒的保鮮期）要比高價的、舊世界的、酒體重的酒來得短。

《神之雫》漫畫裡所提到的酒款，也有酒坊專門在蒐集。

最直接簡單方法就是以價位來區分：低價位酒款或薄酒萊新酒因酒體薄、單寧低，較不經陳放，放久了恐變成醋，所以最好選擇近一、兩年的年輕酒款，取其新鮮度，開瓶即喝，千萬別因買到一支幾百元的「歐巴桑」酒而沾沾自喜；至於中價位酒款年份最好挑5～10年之內的；高價位酒的適飲期可以拉得比較長，從1～20年到5～60年都有可能，雖然不少明星級專家們在觀測「天象」或品酒之後，都會洋洋灑灑地臆測該支酒的適飲期，不過要知道就算是股市「神算子」也未必能百發百中，所以專家建言還是「僅供參考」即可，除非用作投資或當「展示品」，否則買來了的酒，只要時機對了、人對了、場合對了及心情對了，就開瓶吧！

大師決定一切？

「誰不愛高分？」對許多酒迷及專家來說，選一支「好」酒，除了其身家背景好外，還得要有一堆專家名人來背書（那感覺就好像那些受上天眷戀的豪門名媛們，家世背景好也就罷了，最氣的是居然長得又美、身材又好、學歷又高，最後還被豪門選中看上，接著嫁入富貴人家，過著少奶奶的生活……），最好是出自名酒評家的「高評分」（最好是那酒壇上最享譽盛名的羅伯帕克Robert Parker），並且附註幾句Note，如此這般下來，一定可以讓該酒聲譽扶搖直上（當然價錢也成正比），教酒迷們趨之若鶩，心想這麼多酒、不可能每支都喝過，那聽酒評大師說的總沒錯吧！

當然，大師之所以稱為大師，其中自有其道理，不過儘管如羅伯帕克也不可能嘗遍天下所有的酒，那些「有幸」能出現在他面前，請他評鑑的酒多少得要有點關係及知名度才行；再則，就算所謂的知名酒評家，所評論的酒一定公

正嗎？畢竟，品酒有時是很個人的，因故常常產生歧異，所以，我還是老話一句，那些酒評大師級明星專家的酒評還是「僅供參考」就好，千萬別拿來當做選酒聖經。

得獎決定名氣？

當然，那鼎鼎大名的羅伯帕克沒有「奇蹟」似地翩翩降臨我家這偏遠的小小酒莊，不過所謂「英雄不怕出生低，萬丈高樓平地起」，希望自己的酒能見度可以更高，同時也希望聽聽別人的看法，班每年都會選一些自認不錯的酒參加國際型競賽及葡萄酒指南書推薦的徵選（註1）。

幾乎每戰出師必捷的他，儘管得了許多國際金牌獎項，也屢獲《法國年度購酒指南》（Le Guide Hachette des VIns）的推薦，他還是很低調，不企盼「養在深閨無人識，一朝成名天下知」，也沒有太大的野心，甘心當個「結廬在人境、而無車馬喧」的「隱」君子，因為得獎對他來說，是證明自己的創意及努力獲得肯定，如是而已，所以，鍍金的酒不會因此而水漲船高，對待沒得獎酒的態度也一樣，他只喜歡和老客戶分享一杯他釀的好酒，看著他們沉浸其中的陶醉神情，對他而言，這才是最大的獎項及評分！

如果你心甘情願當凱子，而不在乎同樣一瓶酒為何價錢三級跳，我還是要提醒你，不要以為得了獎或高評分酒就一定適合自己，老話一句，別讓這些外在光環沖昏頭，自己的味蕾還是最重要。

價格決定品質？

價格一定和品質成正比嗎？一分錢真是一分貨？對，也不對。我曾看過一篇報導，裡面提及一位在加州那帕擁有兩家大酒廠的億萬富翁Gordon Getty，他戲稱自己是個「小氣」的人，雖然喜歡到世界各地去買酒，25～30美金的平價好酒，他認為若能在這個價位區間挑到好酒，那真是賺到了！

億萬富豪喜歡喝平價好酒，因為他了解「物超所值」真義，而非一昧爭「名」逐「貴」，這並不表示名貴酒不能買，然對於入門者來說，選擇高價酒風險過高，因不是喝不出該酒之價值就是酒不值該價值；至於太便宜的酒，品質絕不會好到哪去，班也曾因好奇，數度在超市買了一、兩歐元（台幣100元有找！他好奇這酒怎麼可能賣得這麼便宜，因為這樣價錢，在亞爾薩斯差不多只能買個空酒瓶！）的新世界酒，當然，喝了幾口後還是免不了成為「料理酒」的命運，便宜或許可能發現好貨，不過若太過便宜，就別期望太高吧！

如果，你有心，那麼不妨效法那位富豪，百嘗自身財力所能負擔得起的酒，然後一一記下自己喜歡的酒標，只要慢慢從經驗中學習，漸漸地，就會找到最適合自己的酒。

大鯨魚VS.小蝦米

誠如我之前跟你說的，因種種商業考量及關卡，多數能出口到台灣的不是「有錢有勢、產量又多」的大酒莊，就是名氣大的名牌酒，根本輪不到家庭式酒莊或獨立酒農的份，因為唯有量產，才足以應付全球的出口市場。

大酒莊的優勢

大酒莊由於需求量大，得另向附近酒農收購葡萄或葡萄酒，於是每當採收季節時，大約在黃昏之際，大酒廠或釀酒合作社門前，就可以看見一輛輛裝滿葡萄的採收車大排長龍，蔚為奇觀。並且，為了求量求快，他們用機器採收，用最先進的機器來榨汁、釀酒，並陳放於超大型不銹鋼酒桶中，接著，再經過完全自動化的裝瓶、包裝等生產線運作，並以最快速度運送到世界各地。如此的數量與速度，絕非小酒莊能力所及。

簡言之，大酒莊與小酒莊，就好像是一隻大鯨魚和小蝦米，根本不能放在同一個天秤上來衡量。

名牌酒莊的迷思

如果不是住在酒鄉，我會和許多人一樣喜歡貼近明星酒廠的光彩。現在的我，最羨慕他們的「氣勢」：因為不管法令再多、限制再嚴苛，總能因他們而出現「特例」，他們養了一堆工人，可用最快的速度在葡萄園工作，他們用機器採收，如秋風掃落葉般橫掃葡萄園，他們大量生產葡萄酒，他們有許多的行銷及廣告預算，他們還可以找媒體來採訪，增加曝光度，他們可以請知名攝影師操刀拍攝精美的宣傳單及影片，他們有專人到世界各地參加昂貴的酒展，他們有辦法請到酒評大師來寫酒評，他們可以聘請許多釀酒師來幫忙釀酒，還可以購進最新穎的儀器來做品管，他們有精通各國語言的導遊，笑臉迎人地帶遊客參觀葡萄園及酒窖（香檳區甚至有不少是搭小火車逛酒窖），他們有美侖美奐的品酒室，以及燈光美、氣氛佳，有如室內雜誌樣品屋那般夢幻的酒窖（說著說著，我的『酸葡萄』心態又發作！）這些都是讓多數酒莊難以望其項背的。

默默無名的小酒莊、獨立酒農

大家應該知道，除了以上那些光鮮亮麗的大酒廠，還有成千上萬的小酒莊及「校長兼撞鐘」的獨立酒農（就像班這類的），他們「默默」經營著葡萄酒事業，他們沒有大酒廠的雄厚財力及呼風喚雨的影響力，只是父傳子、子傳孫地一代代薪火相傳，沒有驚人財力，請不起一堆工作人員來幫忙，凡事都要自己來，在他們身上看不見那耀眼光環，只有辛苦付出的背影，和「種好葡萄、釀好酒」的執著。

相較於名牌，我更愛那手作之物，就好像那手工餅乾、香皂或皮包等，少了機器的冰冷，雖不完美，卻多了一份與「人」的親切與自然感，所以每次在葡萄園裡拍照，我都喜歡捕捉班的手，對我來說，那是雙粗糙有力的勞動之手、那是雙穿梭於葡萄園裡，用來撫育葡萄及釀酒的手。

如果你有機會造訪獨立酒農小酒莊，就會發現他們的酒窖樸實無華，或許還有些許老舊斑駁，因為對主人來說，這裡只是釀酒、儲酒之處，所以不會花心思去裝潢，但他們會花心思來親自接待你，衣履並不光鮮的他（有時還穿著一身灰塵的工作服）不會說冠冕堂皇的美麗詞藻，沒有制式化的笑容，只會拿出各種酒請你品嘗，用最誠懇的態度來向你解說。如此地接待，不僅不會讓人感到不自在，反而更像是到朋友家作客般輕鬆，大家就只是開心地聊天、品酒、吃小點心，到最後，客人們真的都成了朋友。

沒有宣傳行銷預算的小酒莊，就是由主人親自上場，以自家釀的好酒來做口碑，讓客人不僅變成朋友、熟客，更是最佳「宣傳者」，如此一傳十、十傳百地介紹自己朋友來買酒。

回歸酒的本質

所以，當你下次有機會到葡萄酒產區來一趟葡萄酒之旅時，除了參觀旅遊或葡萄酒指南書上的那幾家知名酒莊之外，記得不妨順著葡萄園之路，尋訪不知名小酒鄉中的小酒莊，或許，會有意想不到的收穫。

葡萄酒的選項實在太多，與其人云亦云，不如多方嘗試。

對我來說，「讀萬卷書不如喝萬杯酒」、「坐而言不如起而行」，如何選酒並沒有太多公式可循，卻有太多的陷阱，因此，最好還是回歸到酒的本質，若幸運買到價位公道、品質令人驚艷的酒，恭喜你撈到了寶，因為儘管經驗再豐富，有時候，就是得靠運氣！

瑪琳達的選酒筆記本

註1 關於比賽的秘辛

葡萄酒競賽項目名堂之多，我想全球大小共不下上百個吧！光是亞爾薩斯，就有全球性的莉絲琳、灰皮諾、古烏茲塔明娜等等競賽，另外，區域性的還有柯瑪競賽等，再則還有評審全為女性的「女性葡萄酒競賽」。在競賽時，除了填寫各種表格之外，每支酒要繳交100歐元的參賽費用，對個體戶酒農班來說，不算小數目，故只能從眾多酒款中挑出一支最有勝算的酒參賽，但相較於實力雄厚的大酒廠，他們可以挑選許多款酒來參加比賽，勝算自然較大。

至於在「葡萄酒年度評鑑書」方面，更有多家大小出版社爭著出，參賽酒農們除了得繳高額參賽費用，若有幸得了獎或獲指南書推薦，還得繳交獎牌、獎狀、成千上萬的小貼紙或套環（貼在得獎每瓶得獎之酒款上）等印製費用，若為出版社，或許還得花錢在自家酒評的小版面旁做個大廣告云云，這些都是一筆不小花費。班和我就常常戲說：「算來算去，不管有沒有得獎，最大贏家就是主辦單位呀！」當然這是班和我的「陰謀論」，或許我們過於以「小人之心度君子之腹」，不過葡萄酒比賽，除了要靠實力 ，也需要有財力！

註2 台灣之光威士忌

名牌不代表一切，小兵也會立大功，其實世界上還有很多好酒，等著我們去發掘，就像一則「台灣之光」的新聞就是很好的例子。在英國「泰晤士報」舉辦的盲飲品酒會中，默默無聞的台灣威士忌竟然打敗了擁有百年歷史的知名蘇格蘭及英格蘭威士忌，獲得最高分評價，當場令許多專家跌破眼鏡，評審團主委還以為是愚人節的玩笑，當然這不是來亂的，據說是因為採用純淨的雪山水源，加上天氣較熱，威士忌熟成較快，讓台灣威士忌有著獨到的美味，這消息從英國傳到歐陸，班也注意到了：「哇，你們台灣的威士忌居然比蘇格蘭的好喝？太令人訝異了，下次去台灣一定要試試！」身為威士忌熱愛的班這麼對我說，「你才知道！不要以為台灣葡萄酒難喝就以為烈酒也不會好喝，台灣烈酒可是鼎鼎有名的！」我也趁機出一下他之前嘲笑台灣土產葡萄酒的氣。

註3 進口酒甘苦談

先聲明這不是風涼話。來到法國以後，我才發現台灣酒迷，能喝到的酒款不但較狹隘，先已經過進口商以「商業」角度考量篩選過，且因進口關稅高等因素，價格有時又高得離譜，消費者往往得用三分錢以上才能買到一分貨，不像法國各地酒款豐富，隨時可用公道價錢喝到品質不錯的好酒，常有朋友想說買我家的酒，可惜我一年只回一次台灣，又只能帶上那麼幾瓶，親朋好友們相聚時你一口、我一口就沒了，於是又有人建議：「乾脆把你家的酒進到台灣來呀！」

把酒進到台灣？讓台灣人喝喝同胞釀的酒？我是這麼「癡心妄想」過，然而每當和進口商聊過後，挫折感簡直跟氣球般愈漲愈大，因為他們批頭第一句話往往是：「啊！亞爾薩斯的酒，還是白酒唷！賣不了、賣不了呀！大家要嘛喝貴一點的，有名氣的波爾多和勃根地紅酒，要嘛喝便宜一點的，那就買新世界的酒囉！你也知道，台灣葡萄酒消費市場還沒像西方國家那樣進步和成熟，消費者還需要再教育，而教育大計就跟一瓶好酒一樣，需要時間和金錢讓它熟成，實非進口商所能負擔。」

其自我解讀的言下之意就是：「亞爾薩斯白酒在台灣沒什麼名氣，價格卻比舊世界酒高，對進口商來說根本是賠錢貨，現在進口商願意進的亞爾薩斯酒，也只有像D或T開頭的『知名』大酒廠，像你們這種沒聽過的小酒農，酒再好也賣不出去呀！」

又被潑了冷水。沒錯！我在台灣所見的亞爾薩斯酒，不超乎那兩三家知名大酒廠，這幾家酒廠的酒好不好，我不敢妄自評斷，不過他們財力雄厚，專做出口生意，相對於其他沒啥名氣的小酒莊，連試都不用試，注定成為「爹不疼、娘不愛」的「棄兒」。我當然理解進口商的商業考量，也很有自知之明，台灣消費者的確需要再教育，許多酒莊如我家既沒有知名度，又不是明星產區的酒，酒再好，對進口商而言都是冒險，不過我也夢想能碰到一位「仗義大俠」，品嘗了我家的酒後，敢拍拍胸脯阿莎力地說：「好！就憑你家的酒好，賠了錢也要幫你賣！」

希望，這樣的奇蹟能發生……。

註4 氣泡裡湧現的危機……

有關價格與品質的關聯，讓我想到2010年新年前夕的一則香檳界大新聞。迎接新年少不了和親朋好友舉杯慶祝，然而近幾年來，全球經濟不景氣讓法國葡萄酒業者憂心忡忡，更直接影響到一向被視為金字塔頂端的香檳業者，為了促銷，香檳業者紛紛降價求售，打開法國電視或翻開報紙廣告頁，都可見到一瓶香檳甚至不到10歐元就可買到的消息，其中不乏知名廠牌。

一瓶香檳不到10歐元？這可是破天荒頭一遭，以低價買香檳，對消費者來說當然是好事一樁，然而班看了這項報導卻猛搖頭：「香檳本來就是高貴形象代表，現在居然一瓶不到10歐元，就好像精品價淪落到菜市場價，短期間或許可易刺激銷售量，但是長期來看，這樣會讓原本形象好的香檳出現內傷！」

的確，因全球經濟不景氣，物價卻不斷攀升狀況下，法國葡萄業者也碰上了危機，葡萄酒一向被視為非「民生必須品」，自然被排除於「必須家用」之外，又或消費者們開始尋求便宜的酒，撐不下的小酒莊只能關門大吉或被大廠併購。根據統計，光是亞爾薩斯區一年被迫歇業的酒莊就不下數百家，多數為小型家庭酒莊（經濟不景氣是原因之一，另外則是因為主人不會使用「電腦」和「網路」，不夠E化而被潮流所淘汰……）， 而根據班作的「市場調查」，他的酒售價在亞爾薩斯算是中等之上，雖然大嘆生意難作，班卻堅持不降價：「這是我辛苦釀的酒，我的心血，要給懂得其價值的人喝，怎麼可以隨便賤賣？」

也許是對自家酒的品質有信心，所以班才能這麼堅持走下去而無怨無悔吧！

選酒有時就像一場遊戲
不論得失只管樂在其中！

╳黃素玉｜台北選酒指南

「看完你有感而發的購酒指南，以前死背硬記下來的一堆東西好像都可以丟掉了哈！哈！哈！不過，我也同意你，畢竟人各有所好，所以許多說法和建議，何妨就當作參考，尤其對入門者而言，非要他們先塞滿一肚子學問、苦苦跟隨某達人的腳步去選酒，實在有點太過勞民傷財，不如換個方法來玩，比如先放空腦袋裡的人云亦云、似懂未懂的知識，直接去和架上的各式葡萄酒對話，選回來的酒如果深得我心，再把這瓶酒的酒標當作功課，去腦裡書裡查閱與它相關的酒區、年份、等級、品種（註1）等等資訊，因為真心喜歡、與酒有了互動，讀取到的知識就比較容易印記在心中了。」

站在琳琅滿目的酒架前發傻、不知如何選擇，我想是每個入門者都有過的階段，然後，隨著經驗累積，發傻的時間通常會縮短，但買酒的時間反而會愈拉愈長，因為對那些喝出興趣、挑出樂趣的人來說，每瓶酒都可能帶來中獎般的驚喜，或是不如預期的失落，不到開瓶、還沒好好嘗過、無從得知，就好像買了樂透一樣，瓶瓶有希望、人人沒把握。

接下來，如果你因為中了「獎」，就不再去嘗試新鮮貨，只管買同樣的、自己喜歡的那瓶酒，或者只管喝、不願意動腦去增進葡萄酒的相關知識，到後來，買酒就會變成一件例行公事；如果你願意隨著時日累進自己的功力，那麼買酒的這段時間，就會像是在玩一場場專屬於你與葡萄酒之間的遊戲，有時鬥智、有時捉迷藏、有時像是搶籃球或丟躲避球，無論哪一種、不管得失，你一定都會樂在其中。

另類參考指南

當然，對入門者來說，任何專業知識、達人建議都可以僅供參考，但前題是：有些基本概念必須了解，有些有趣說法，又何妨聽聽？

關於產地的需知

一般人聽到波爾多、勃根地，腦海裡立即將它們與紅酒劃上等號，其實波爾多的白酒占了總產量的三分之一，其中的蘇玳（Sauternes）更以貴腐甜白酒聞名於世；至於勃根地也生產以夏多內為主要品種的白酒，位於伯恩丘（Côte de Beaune）的蒙哈榭Montrachet、高登查理曼Corton-Charlemagne、梅索村Meursault號稱為法國最具代表性的頂級白酒產地，另外的夏布利（Chablis）、夏隆內丘（Côte Chalonnaise）、馬貢區（Mâconnais）也生產白酒。

五大酒莊都有生產二軍酒，至於何曼尼．康帝（Domaine de La Romanée-Conti）則並未生產二軍酒：

* 瑪哥堡（Chateau Margaux）→紅色閣樓Pavillon Rouge
* 拉圖堡（Chateau Latour）→堡壘Les Forts de Latour
* 拉菲堤堡（Chateau Lafite Rothschild）→以靠近Lafite 的Carruades葡萄園來命名的Carruades de Lafite
* 奧比昂堡（Chateau Haut Brion）→Bahans Haut Brion
* 慕桐．羅吉德堡（Ch. Mouton Rothschild ）→小慕桐Le Petit- Mouton

瑪哥堡

拉圖堡

拉菲堤堡

奧比昂堡

慕桐．羅吉德堡

關於品種的喜惡

葡萄品種，可謂族繁不及備載，每個人都可以有自己的喜好，但有些品種卻因為太受歡迎了，反而被某些族群視為拒絕往來戶，比如有些人討厭梅洛，因為它的口感太圓潤太討喜；有人不愛夏多內，因為它的名氣實在太大、太好種了，栽植範圍幾乎遍及新舊世界、任何一個酒莊，於是有人成了「ABC一族」，即Anything But Chardonnay！

但事實上，同樣的夏多內，因為風土條件不一樣、有無在橡木桶中發酵等等作法的不同，會呈現很不一樣的風格，比如在法國夏布利地區，以夏多內釀製的白酒，帶有明顯的酸度、或淡雅或濃郁的果香，以及清晰的礦石味，而在澳洲的夏多內白酒則口感甜潤，美國加州的夏多內白酒則出現奶油、燻烤、堅果等濃香，在紐西蘭的夏多內白酒帶著萊姆、檸檬、白桃等氣息。

關於紅白酒的認識

釀酒葡萄雖然分成紅葡萄及白葡萄兩種，卻可以因為釀造程序而玩出變色遊戲，比如紅葡萄品種中的黑皮諾，可以將整顆葡萄連皮帶籽榨汁，再一起發酵釀製為紅酒，也可以在連皮帶籽榨汁後，去掉皮籽，再發酵釀製為白酒，另外，去皮的黑皮諾也可以作為生產香檳、氣泡酒的主原料之一，也正因為如此，有黑皮諾的地方，大都可以見到紅酒、香檳或氣泡酒。

關於年份的密碼

依據好年份（註2）來買酒者，有他們的道理，但老實說，想要記住所有產區的佳釀年份頗為困難，不如就選另外一種、你一定不會或不想忘記的年份，比如你自己出生、結婚、第一個小孩子降臨的年份，或者初戀、失戀、升遷到高級主管等等具紀念性的年份，這些年份有如你自己的密碼、對你意義非凡，想要忘記這4個數字不容易吧？

當然，說來有趣，實際執行起來卻不容易，因為如果你是熟男熟女，口袋不夠深，肯定買不起那些可經陳放並且已經陳放數十年的酒；如果選的年份太新，想要買一瓶可以陳放多年，能夠在恰當時候開來慶祝的酒，可得花些心力去了解哪些酒可以陳放、值得投資，之後還得想辦法將它存放好！

關於年紀的考量

任何一瓶酒，無可避免地一定會走到衰敗期！如果你實在無法判斷一瓶酒到底值不值得等待，不妨來聽聽某位酒商的說法，500元以下的酒，等都不必等，選的年份愈新愈好；1000元以下的酒，如果你很喜歡，可以賭賭看，但一般來說等待期不會太長。以上說法也許是在商言商，但換個角度來想，便宜不見得沒好貨，但要找到一瓶又便宜又可以陳放的酒，會不會要求太多啊？

關於大師的推薦

不管是《羅伯帕克》或《神之雫》作者所推薦的好酒、名酒，無論你覺得值不值得花大錢買來過過乾癮，這些人一出手，全台的葡萄酒專賣店（註3）就跟著睜大雙眼，在自家酒窖裡尋尋覓覓，如果有幸進了這款酒，一定會昭告全天下，一定會將相關海報高高掛起，讓你不注意到都不行哩！

關於得獎的酒款

也許你永遠搞不清楚葡萄酒國度裡，到底有哪些競賽，不過，如果你常逛國內幾家知名的、專門進口高級葡萄酒的專賣店，不用你開口詢問，他們也會將得獎的各家酒莊、酒款，大大地標示出來，儘管仔細瞧瞧，看一看、不用錢，想買前再探一探口袋吧。

關於價格的選擇題

到底該花多少錢買一瓶酒，每個人的標準不一樣，但根據你選酒、買酒的據點，卻有一定的標準，比如前往葡萄酒專賣店，價位大都從600～700元起跳，有時甚至高達數萬元，但如果是好士多、大潤發等大賣場（註4），價位大約在2、300元～3、4000元之間。

前往葡萄酒專賣店買酒的好處是：有懂葡萄酒的人可以當你的諮詢對象，可以根據你的預算、口味偏好來提供各種選項。因此，這裡也是我在送禮，或者是在重要節慶、特殊日子時的採購據點，此時，我就會挑一瓶平日捨不得買、知名酒莊的酒，一來嘗鮮，二來則是自我教育，想親自體驗貴的酒到底是如何好喝法！

前往大賣場買酒的好處則是：價位範圍很寬，而且可以慢慢地看、細細地挑，於是這裡就成為我補充「平常日飲」的採購地，起先，我都是鎖定新世界的酒，一來它平價且簡單易飲，二來可以喝到單一品種的酒款，後來心愈來愈大，開始設下主題，比如勃根地A.O.C.級、VIN de PAYS（地區葡萄酒）的酒款，沒有試過的南法、義大利、西班牙等地的酒等等。一般掃貨回來的酒，價位大多在300～700元之間，它們常常是我和家人朋友假日聚餐時的助興劑，也是我熬夜寫稿上網聊天後，臨睡前的晚安吻！

前往葡萄酒專賣店時，不妨直接將自己的預算、喜好告知現場人員，讓專家來協助你選酒。

黃素玉的選酒指南筆記本

註1 關於葡萄酒的相關知識

◎法國知名葡萄酒產區（從北而南）

產區／品種	分級制度／特色
香檳Champagne ＊位於法國北部，是全世界最知名的氣泡酒產區，唯有在這裡生產的氣泡酒才能稱作香檳。 ＊白葡萄品種 夏多內（Chardonnay） ＊紅葡萄品種 皮諾莫尼耶（Pinot Meunier） 黑皮諾（Pinot Noir）	＊法定產區葡萄酒（AOC）中，有17座村莊列為特級葡萄園（Grand Cru），有40座村莊列為一級葡萄園（Premier Cru）。 ＊為了維持一定的品質，釀酒師會調配、混合使用各種年份的葡萄來釀造香檳，所以一般而言，並不會在酒標上寫出年份，除非遇到佳釀年份，才會推出年份香檳（Champagne Millésime），並在酒標加註年份。 ＊最常見的香檳都是以夏多內為主，加上去皮的黑皮諾、皮諾莫尼耶混釀而成，稱為「黑中白」（Blanc de Noir），另外還有使用100%夏多內釀製的香檳稱為「白中白」（Blanc de Blanc），以及使用較多量的黑皮諾、略少量的夏多內，以及一點皮諾莫尼耶，再添加少許紅葡萄酒釀製而成「粉紅香檳」（Champagne Rosé）。 ＊香檳的甜度標示 Extra Brut 低於6克（每公升含糖量） Brut 低於15克 ／Extra Dry 12-20／ Sec 17-35 ／Demi Sec 33-50 ／Doux 51-100
亞爾薩斯Alsace 位於法國東北部、德法交界處。因歷史因素使然，人文地理環境，甚至葡萄品種、釀造法都兼具德法風格。 ＊白葡萄品種 古烏茲塔明娜（Gewürztraminer）／白皮諾（Pinot Blanc）／慕斯卡（Muscat）／灰皮諾（Pinot Gris） 莉絲琳（Riesling）／斯萬娜（Sylvaner） ＊紅葡萄品種 黑皮諾（Pinot Noir）	＊主要為法定產區葡萄酒（AOC）級別，其中有51座特級莊園（Alsace Grand Cru） ＊大多採用單一品種來釀酒，九成以上為白酒，另有氣泡酒（ Crémant d'Alsace）及紅酒。除此，亦釀造「遲摘型葡萄酒」（Vendanges Tardives）和「逐粒精選貴腐酒」（Sélection de Grains Nobles）的甜白酒。

產區／品種	分級制度／特色
羅亞爾河谷Loire Valley 位於法國西北部，本區被稱為「法國的花園」，葡萄酒產區主要集中在中下游。 *白葡萄品種 白梢楠（Chenin Blanc）／慕斯卡（Muscadet） 白蘇維翁（Sauvignon Blanc，又稱水芙蓉） *紅葡萄品種 卡本內佛朗（Cabernet Franc）	法定產區葡萄酒（AOC）和地區餐酒（Vin de Pays） *本區分為四大產區： 1.南特（Nantes），以生產慕斯卡（Muscadet）不甜白酒聞名。 2. 安茹-梭密爾（Anjou- Saumur），安茹主要生產粉紅酒及白酒，梭密爾出產氣泡酒、紅酒、不甜白酒以及半不甜型的粉紅酒；南岸的萊陽丘（Coteaux du Layon）以甜白酒最知名。 3. 都漢（Touraine），主要生產紅、白、粉紅酒、新酒以及氣泡酒。其中都漢區西邊的三個AOC級產地，包括希濃（Chinon）、布戈憶（Bourgueil）和布戈憶-聖尼古拉（St.-Nicolas de Bourgueil）生產本區最精彩的紅酒，另外的梧雷（Vouvray）以及蒙路易（Montlouis）則生產白酒。 4.中央（Centre），上游主要生產不甜型白酒，以松塞爾（Sancerre）和普衣-芙美（Pouilly-Fumé）最為著名。
朱哈Jura 位於法國東部，是全法國保有最多傳統風味的葡萄產區，生產許多風格獨一無二的葡萄酒。 *白葡萄品種 夏多內（Chardonnay）／莎瓦涅（Savagnin） *紅葡萄品種 黑皮諾（Pinot Noir）／普沙（Poulsard）／土梭（Trousseau）	*法定產區葡萄酒（AOC） *可再細分為：朱哈丘（Côtes du Jura），主要生產紅酒、白酒、粉紅酒、黃酒（Vin jaune，參見P.86）、麥稈酒以及氣泡酒；阿爾伯（Arbois），以紅酒較為著名，其他酒種亦有生產；埃托勒（L'Etoile），主要生產不甜白酒，也產有少量的黃酒；夏隆堡（Château-Chalon）只生產黃酒。
勃根地Burgundy 位於法國東部偏內陸，號稱是最能夠表現法國葡萄酒風土條件、最具各人風格的產區，包含了無數的小酒莊，以及向酒農採買葡萄酒裝瓶的酒商（négociant）。 *白葡萄品種 夏多內（Chardonnay） *紅葡萄品種 黑皮諾（Pinot Noir）	*法定產區葡萄酒（AOC），其中有30座特級葡萄園（Grand Cru），另外還有一級葡萄園（Premier Cru）。 *勃根地的精華區位於金丘（Côte d'Or），又分為北端的夜丘（Côte de Nuits，以紅酒聞名於世，知名的何曼尼‧康帝酒莊La Romanée-Conti、香貝丹Chambertin即位於此區），以及伯恩市以南的伯恩丘（Côte de Beaune，以精彩的夏多內白酒著稱，頂級白酒產地的葡萄園有蒙哈榭Montrachet、高登查理曼Corton-Charlemagne、梅索村Meursault）。

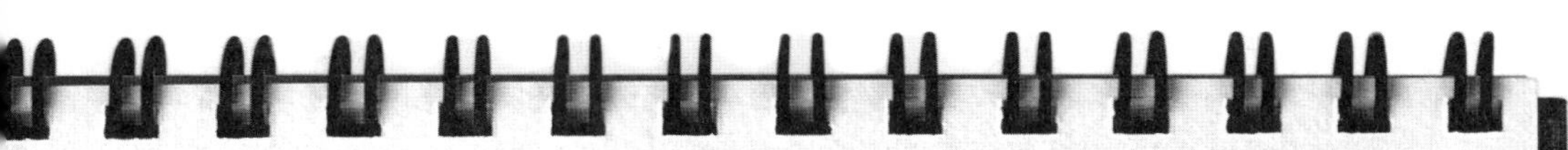

產區／品種	分級制度／特色
	＊其他產區，包括知名的夏布利（Chablis，以生產帶有特殊礦石香氣的白酒而著稱）、夏隆內丘（Côte Chalonnaise，生產紅、白酒及粉紅酒）、馬貢區（Mâconnais，以白酒為主，另有紅酒、粉紅酒）。 ＊本區也生產勃根地氣泡酒（Crémant de Bourgogne）。
薄酒萊Beaujolais 位於勃根地南方，是法國著名的薄酒萊新酒（Beaujolais Nouveau）產區。根據法令，每年生產的葡萄酒必須要等到11月的第三個星期四才能上市。 ＊紅葡萄品種 嘉美（Gamay）	＊法定產區葡萄酒（AOC），另有薄酒萊村莊酒（Beaujolais-Villages），以及10座優質薄酒來村莊（Crus du Beaujolais）酒。
波爾多 Bordeaux 位於法國西南部吉隆特省（Gironde）內，是法國最大也最知名的AOC葡萄酒產區。 ＊白葡萄品種 蜜思卡岱勒（Muscadelle）／白蘇維翁（Sauvignon Blanc）／榭密雍（Sémillon） ＊紅葡萄品種 卡本內蘇維翁（Cabernet Sauvignon）／梅洛（Merlot）／卡本內佛朗（Cabernet Franc）／馬爾貝克（Malbec）／小維鐸（Petit Verdot）	＊本區擁有57個法定命名產區（AOC）及超過9,000座大小酒莊，其中最知名的為61座列級酒莊（Cru Classé）、中級酒莊（Cru Bourgeois，或稱布爾喬亞級酒莊）。 ＊除眾所皆知的紅酒之外，本區也生產不甜白酒及甜白酒。 ＊本區因隆特河（Gironde）、加隆河（Garonne）及多爾多涅河（Dordogne）而切分為三部份： 1.左岸地區，包括梅鐸（Médoc，號稱頂級葡萄酒的故鄉，AOC認證的有聖愛斯臺夫Saint-Estèphe、波雅克Pauillac、和里斯塔克-梅鐸Listrac- Médoc、聖朱里安Saint-Julien、慕里斯Moulis、瑪歌Margaux等村莊，五大酒莊中的拉菲堡、拉圖堡、慕桐堡、瑪歌堡即位於這些村莊之內）、格拉夫（Graves，除紅酒外也生產不甜白酒，五大酒莊中的奧比昂堡即位於此區），以及蘇玳（Sauternes，以貴腐甜白酒聞名）、巴薩克（Barsac）地區； 2.右岸地區，包括聖愛美濃（Saint-Emillion，境內最知名的酒莊為歐頌堡Chateau Ausone、白馬堡Chateau Cheval Blanc等）和玻美侯（Pomerol，境內最知名的酒莊為彼得綠堡Chateau Petrus）； 3.波爾多丘陵區，分佈在加隆河及多爾多涅河山丘上的葡萄園。

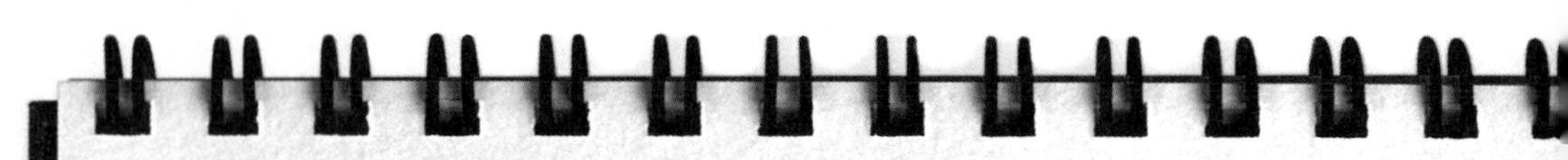

產區／品種	分級制度／特色
隆河Rhone Valley 位於法國東南，擁有悠久的釀酒歷史，以生產高酒精濃度、品質穩定的葡萄酒聞名。 ＊北隆河白葡萄品種 馬姍（Marsanne）／胡姍（Roussanne）／維歐尼耶（Viognier） ＊北隆河紅葡萄品種 希哈（Syrah） ＊南隆河白葡萄品種 白格那希（Grenache blanc）／布布蘭克（Bourboulenc）／克雷耶特（Clairette） ＊南隆河紅葡萄品種 黑格那希（Grenache Noir）／卡利濃(Carignan)／仙梭（Cinsault 或 Cinsaut）／慕維得爾（Mouvèdre）	＊區級法定產區：AOC Côtes du Rhône 村莊級法定產區：AOC Côtes du Rhône –Villages ＊北隆河谷區，生產紅酒（主要使用希哈來釀酒，強勁濃厚）、白酒（杏桃香和細緻口感），以及氣泡酒。 ＊南隆河谷區，生產紅酒（色深、辛烈香味和果味，以教皇新堡Châteauneuf-du-Pape最為知名）、粉紅酒（濃郁豐厚、勁度十足）、甜白酒（高酒精濃度，以哈斯多Raseau最為知名）。
普羅旺斯及科西嘉 Provence Côte d'AzurCorseProvence 位於法國東南方，本區的葡萄酒產量大，價位又適中。 ＊白葡萄品種 克雷耶特（Clairette）／侯爾（Rolle）／榭密雍（Sémillon） ＊紅葡萄品種 卡本內蘇維翁（Cabernet Sauvignon）／卡利濃（Carignan）／仙梭（Cinsault 或 Cinsaut）／黑格那希（Grenache Noir）／慕維得爾（Mouvèdre）／提布宏（Tibouren）／希哈（Syrah）	＊法定普羅旺斯產區葡萄酒（AOC）和地區酒（Vin de Pays） ＊粉紅葡萄酒（Rosé）是本區的招牌酒款，80%的葡萄酒都是清淡可口的粉紅酒。 ＊普羅旺斯丘（Côtes de Provence）是本地最主要的AOC法定產區，主要生產粉紅酒為，以及紅、白酒。
隆格多克-胡西雍Languedoc Roussillon 位於法國東南方，是全法國面積最大的葡萄園，產量佔全國的四分之一，也是法國地區酒（Vin de pays）主要產區。 ＊白葡萄品種 夏多內（Chardonnay）／白梢楠（Chenin Blanc）／白格那希（Grenache blanc)／馬卡貝甌（Macabeu 或 Macabéo）／莫箚克（Mauzac） ＊紅葡萄品種 卡利濃（Carignan）／仙梭（Cinsault 或 Cinsaut）／黑格那希（Grenache Noir）／慕維得爾（Mouvèdre）／希哈（Syrah）	＊法定產區葡萄酒（AOC）和地區酒（Vin de Pays） ＊以出產地中海風味的紅酒聞名。 ＊在隆格多克的克菲杜（Fitou）和高比耶（Corbières），所生產的紅酒濃郁豐厚、勁度十足、單寧重、並耐久放；胡西雍丘（Côtes du Roussillon）和胡西雍丘村莊（Côtes du Roussillon Villages）主要出產顏色深、帶有香料及香草和果味的紅酒。

產區／品種	分級制度／特色
西南部產區 Vins du Sud-Ouest 位於法國西南，又稱為雅馬邑Armagnac，多樣的環境和文化讓本區聚集了許多風格獨特的產區，生產全法風味最多樣的葡萄酒，也是知名的白蘭地產區。	＊法定產區葡萄酒（AOC）和地區酒（Vin de Pays） ＊分為數個獨立產區，各自擁有許多法定產區 1. 貝傑哈克（Bergerac），生產紅酒、不甜白酒、半不甜白酒、貴腐甜酒、粉紅酒。 2.蒙哈威爾（Montravel），只生產白酒，包括不甜白酒（蒙哈威爾Montravel）及甜白酒（蒙哈威爾丘Côtes de Montravel、上蒙哈威爾Haut Montravel） 3.卡歐（Cahors），本區所生產的紅酒單寧強、耐久存，而且顏色極深，有黑酒之稱。 4.蒙巴季亞克（Monbazillac），生產本區內最精彩聞名的貴腐甜白酒。 5.居宏頌（Juraçon），是最具西南區特色的甜白酒產區，甜度高、顏色金黃。

◎美國知名產酒區

最為大家熟悉者首推加州，從南往北，可大致分為5個各具特色的葡萄產區（包含鮮食、製造葡萄乾的葡萄，以及釀酒用葡萄），其中生產釀酒葡萄的知名酒區，從那帕山谷（NAPA，是全美第一個躍上世界舞台的酒區）、索諾瑪谷（Sonoma），一直延伸到中部海岸與舊金山灣區。

＊從日常飲用的餐酒，到足以和歐洲各國媲美的高級葡萄酒都有，比如那帕境內的Chateau Montelena酒莊，因為在1976年巴黎品酒大會中打敗法國酒而聲勢扶搖直上，價位更是三級跳

＊ 本地的白葡萄品種有夏多內，紅葡萄品種包括加本內蘇維翁、梅洛、黑皮諾，以及本地最具代表性的葡萄品種仙芬黛（ZINFANDEL）。

＊大部分加州的葡萄酒都是單一葡萄品種，保有品種原有的特性，並且在酒標上清楚標示出該品種的名字。

◎義大利葡萄酒分級制度

第一級（DOCG）為特定產區：必須符合法令所規定的生產標準，包括特定的酒瓶大小、較低的產量許可，以及須試飲檢查並進行化學分析。

第二級（DOC）為原產地管制：包括葡萄品種、顏色、香味、酒精濃度、酸度、成熟期長短，及最高產量均需合乎標準。

第三級（IGT）為產自特定區域（省／區）：必須使用核可葡萄品種
第四級（VDT）：日常餐酒

◎西班牙DO制度

西班牙DO制度從大類上將葡萄酒分成2種等級，其一為普通餐酒（Table Wine）

* Vino de Mesa（VdM），指的是使用非法定品種或者方法，比如在Rioja種植Cabernet Sauvignon、Merlot釀成的酒就有可能被標成Vino de Mesa de Navarra，等級相當於法國的Vin de Table，部分則相當於義大利的IGT。
* Vino comarcal（VC），相當於法國的Vin de Pays，全西班牙共有21個大產區被官方定為VC，酒標用Vino Comarcal de＋產地＋來標注。
* Vino de la Tierra（VdlT），相當於法國的VDQS，酒標用Vino de la＋Tierra（產地）來標注。

其二為高級葡萄酒（Quality Wine）

* Denominaciones de Origen（DO），相當於法國的AOC。
* Denominaciones de Origen Calificada（DOC），相當於義大利的DOC。

在DO或者DOC級的葡萄酒中，酒標上如果看到

* Vino de Cosecha，指的是年份酒，要求必須使用85%以上該年份的葡萄釀造。
* Joven，指的是新酒，葡萄收獲來年春天上市的酒。
* Vino de Crianza、Crianza，指的是必須在葡萄收成年份後的第三年才能夠上市的酒（需要最少6個月在小橡木桶內和2個整年在瓶中陳釀）。
* Reserva，最少需要陳釀3年的時間，其中最少要在小橡木桶內陳釀1年。
* Gran Reserva，只有少數極好的年份才會釀造的等級。釀造時，需要得到當地政府的許可，並要求至少陳釀5年的時間。

註2 佳釀年份

想了解法國十大產區佳釀年份表，可至法國美食協會網站查詢。法國美食協會網址：www.sopexa.com.tw/index.htm

註3 台北的葡萄酒專賣店

在台灣，大大小小的葡萄酒進口商數量不少，他們從世界各酒區、各個酒莊採購來各式各樣的葡萄酒，主要作法是將它們依不同價位、特色，鋪到市面上的各種通路，包括超商、大賣場、專賣店，以及五星級飯店、各式各樣的餐廳；部分的進口商，則會開設自己的專賣店來展售自家的商品，但，葡萄酒的產區太多，知名不知名的大小酒莊更多到不計其數，所以為了提供消費者更多元的選擇，在這些店面裡，有時也會兼賣其他進口商所進的葡萄酒。確切資訊請參見P.119～123。

註4 關於好士多、大潤發大賣場

大賣場很多，為何特別提到這兩家？前者以品質穩定、價位多元、酒款涵蓋新舊世界等不錯的酒區為強項，後者最吸引人之處則在於堪稱齊全的全法酒款，尤其是一些較不為國人所熟悉的羅亞爾河、西南區、普羅旺斯、隆河等南法酒，這裡也找得到。當然啦，要滿足挑剔的專業酒友，我想很難，但對入門者來說，在這兩處尋寶卻是一大樂事。

如果你站在酒架前還是發傻，不妨參考別人的建議，比如《Thomas Wine 葡萄酒美食漫談》的部落格，這部落格的版主蠻有名氣的，許多人去大賣場買酒時都會上他的網作功課，版主對於好士多、大潤發的各種酒可謂知之甚詳，不但親自試飲，還把他個人的品酒心得，依據香氣、口感、餘味、複雜度、售價等項目來綜合評分，給予1至5顆星的標記，有興趣者可上網瞧瞧。不過，還是老話一句，當作參考蠻好的，不妨試試他所推薦的酒是否符合你的喜好，如果是，不妨繼續追隨，如果否，也請尊重每個人的發言權，另尋他法即可！

blog.xuite.net/thomaschang/blog/14214604

素玉：「關於買酒，市面上常見的書籍裡，提供的選項都鎖定在比較有名氣的酒區、酒莊，所以價位也都很不平民，反而在部落格裡，還比較能夠看到比較平易近人的選酒建議。」

瑪琳達：「哈！我也這麼覺得，我就曾經看到一篇廣為流傳的《三秒鐘的選酒功夫》，蠻有趣的噢！文中強調想在朋友聚會時為大家挑酒，展現自己的選酒才華，必須記住以下原則『不可猶豫不決、遲疑不定，最好在三秒鐘之內，趁大家還沒認清酒標上的莊園名字、沒來得及把瓶子翻過來看背後的中文翻譯之時，你就要迅速斷定，今天，哪一瓶酒是幸運兒。』

當然，想要在三秒中內選對好酒，也必須對葡萄酒特性及他人的消費行為瞭若指掌，比如，面對那些選什麼酒都沒啥意見者，可以給他較為直接、簡單點的新世界酒，而新世界酒當中，加州酒適合喜歡活潑熱鬧的朋友，智利酒較適合文靜乖巧的女生，如葡萄汁般清甜的智利夏多內白酒適合剛入門的初飲者，個性穩當的澳洲酒適合挑給不熟的朋友；反之，若意見多多者，最好挑選話題也多多的舊世界酒。在眾多舊世界酒當中，價格過低的波爾多酒不可靠，纖細出眾的勃根地酒最適合具有文藝青年氣息的人，義大利或西班牙酒比較適合個性外向熱情的人，德國甜白酒頗受天真可愛的女生歡迎。」

素玉：「你知道我喜歡紅酒，當我讀到波爾多左岸的五大酒莊的名酒時，真是做夢也想喝，然後又知道，它們大多以卡本內蘇維翁為主體再混搭其他品種來釀酒時，好一陣子都鎖定、購買這個品種的新世界酒，想要嘗嘗它到底是怎樣的口感。等習慣它的味道後，就自以為好酒應該像它一樣單寧較高，酒體較厚重。後來，開始去試黑皮諾的品種酒，雖然它比卡本內蘇維翁的酒體來得輕，而且帶有微酸，雖然是完全不一樣的口感，卻還是一樣讓我一喝鍾情，哈！我這才知道以前真是太自以為是了。」

瑪琳達：「我個人比較喜愛黑皮諾，因為它優雅圓潤，果味豐富，單寧也不會過於艱澀。至於白酒方面則比較喜歡古烏茲塔明娜，因為它帶著濃郁的荔枝及玫瑰香氣，口感也很圓潤香甜。」

瑪琳達：「我在讀資料時，常發現很多形容詞比如：葡萄酒之王、葡萄酒之后，還有紅酒之王、紅酒之后、白酒之后，但它們指的對象，卻完全不一樣，有時，還剛好相反，真是奇怪哩！」

素玉：「開始時，我也常搞得一頭霧水，後來好不容易才弄明白，會有這樣的說法和歷史因素及個人主觀認定有關。因為在以前，英國人可是法國酒的主要大客戶，他們最早稱波爾多為葡萄酒皇后，稱勃根地為葡萄酒國王，原因可能是當時的波爾多紅酒是一種顏色和口味都較清淡的酒，相較來說，勃根地就較為濃重、強勁。後來，你也知道，兩個地區的酒，表現出來的口感特色，簡直可以說是完全倒過來，再加上波爾多的瓶身比較男性化、勃根地的瓶身比較女性化，所以很多人喜歡用自己的感覺來形容它們，稱波爾多為葡萄酒之王、勃根地為葡萄酒之后，至於若依品種來論，有人則說卡本內蘇維翁是紅酒之王、黑皮諾為紅酒之后。

　　當然，尊重傳統稱謂的人也會辨稱，波爾多的酒多是混釀，口味複雜多變，所以比較女性化，稱為葡萄酒之后當之無愧；而勃根地的紅酒為單一品種的黑皮諾，口感比較直接、變化相對較少，所以比較男性化，稱作葡萄酒之王自是名副其實。

另外，還有人稱紅葡萄品種中的卡本內蘇維翁為葡萄酒之王、白葡萄品種中的夏多內為葡萄酒之后，主要是因為兩者原產於法國，後來則在新世界中大量栽植，相較於紅酒與白酒的口感，所以前者稱王、後者稱后，也有另一說，夏朵內為白葡萄之王、莉絲琳則為白葡萄之后。」

素玉：「以前，我聽過有人說，身處酒鄉的人，比較不會也不願意去喝其他地區的酒，聽你說亞爾薩斯的人卻喜歡去試各地的酒，像班也會這樣到處去買酒嗎？」

瑪琳達：「我們家的酒窖，簡直可以用『堆積如山』來形容，多得讓他喝不完，但身為釀酒者，他還是很愛四處蒐購酒，無時無地都想去『探』酒，也不錯過任何品嘗好酒的機會，無論超市（他難得有空陪我上超市時，總是一溜煙不見人影，不消說，他又跑到葡萄酒專賣區去『賞』酒了）、葡萄酒專賣店或開放參觀的酒莊（無論到哪旅遊，他都會注意看哪裡有賣葡萄酒，尤其到了葡萄酒產區，那根本就成了『葡萄酒之旅』！）

班：「是呀！我喜歡看看當下有什麼新鮮貨上市，有什麼有創意的酒瓶、酒標或包裝、有什麼葡萄品種是我沒見過的，或許因職業之故，我不僅挑自己喜歡的酒款，更會挑一些以新葡萄品種或新技術所釀的新酒，作為研究之用，往往，也有不少意想不到的發現，好比我之前找到的那瓶令人驚艷的德國紅酒。」

瑪琳達：「對於班來說，每次參觀酒莊，興致所至，還會跟同行的酒莊主人『促膝長聊』起來，甚至彼此交換自家的酒做紀念（只要開車出遊，行李廂少不了放上一兩箱的酒）。」

班：「我不是常跟你說，喝到了對的酒，就像是遇見知音人一樣，儘管相隔千萬里，儘管和釀酒者素昧平生，但藉由這瓶酒，立刻就拉近了彼此的距離，感覺好像可以和對方心電感應似的，讓我興起一種君子惺惺相惜之感。」

素玉：「葡萄酒這麼多，名氣大的、曝光率高的，當然比較容易被注意到，就好像明星代言的產品，一上市，想要低調、不被注意都難啊！」

瑪琳達：「說到明星代言，你知道瑪丹娜、席琳狄翁、芭芭拉史翠珊、史汀、車神舒馬克等名人，都在各地買下酒莊置產嗎？還有你知道2009年法國坎城影展開幕典禮中，官方御用酒款，正是出自大名鼎鼎的法國國際巨星傑哈德巴狄（Gerard Depardieu），在羅亞爾河谷地所擁有的Château de Tigné 酒莊嗎？此外，滾石合唱團（Rolling Stones）也在加拿大Okanagan及美國那帕谷地投資酒廠，前者專門生產冰酒，2009年時該酒廠拿出了莉絲琳冰酒參加了全球莉絲琳競賽，主辦單位曾大肆宣傳，雖然最後並未得獎，（那一年，班倒是暗自得意，因為他的莉絲琳麥稈酒得了金牌獎，不僅表示他的酒比滾石的好，而且，價格還只有1/3不到），但著實引起多方注意，免費打了廣告，看來不管是哪一行，只要有名人背書，似乎都很奏效。」

素玉：「我讀過法國酒有所謂的分級制，其一為法定產區葡萄酒（A.O.C），其標示方式酒為Appellation＋（ d'Origine地方名、地區名、村名、葡萄園名）＋Controlée，這級的酒有嚴格的限制，包括只能用所標示出來的地方、地區、村莊、或葡萄園所栽種的葡萄來釀酒，對於品種、最低酒精濃度、最大收成量、葡萄甜度、釀造法等等，都有詳細的規定；其二為地區酒（Vin De Pays），其限制較A.O.C.所規定的少，比如可以混合一個或數個村莊的葡萄來釀酒；其三為日常餐酒（Vin De Table）則是不受規定約束的酒，任何產區的葡萄都可以拿來混合釀造，藉由混合釀造來降低成本是這種酒的特徵。但我很好奇，較便宜的日常餐酒，品質就一定比較不好嗎？」

班：「日常餐酒是法國最低等的酒款，品質自然好不到哪裡去，多半用於廚房用酒或一些便宜餐廳提供的開瓶酒，因為在法國釀造一瓶葡萄酒的成本並不低，所以若發現到便宜到不行的法國酒時，千萬別見獵心喜，因為很有可能是品質非常不好的餐酒，若一樣低價，我寧可選擇新世界的酒，品質會比較好。至於地區酒的品質則可能有好有壞，譬如某區的酒整體雖不好，無法進入AOC級，但也有可能出現本領不錯的酒農，所以還是可能釀出不錯的酒。」

瑪琳達：「為什麼勃根地葡萄酒比波爾多的酒要貴？」

班：「應該這樣說，高價名牌酒之中，波爾多和勃根地兩區不分軒輊，波爾多甚至不乏比勃根地貴的酒，至於基本款酒之中，平均來說，波爾多酒的確要比勃根地便宜，儘管兩區品質差不多，但因波爾多產區較大，產量較多，價格自然被壓了下來，所以市面上可見不少便宜的波爾多紅酒，另外勃根地的黑皮諾嬌嫩難養，需要花較多心思照顧，成本自然較高。」

素玉：「若我要到葡萄酒產區買酒，這麼多酒莊應該如何選擇呢？」

班：「若真想要探訪質優且價格公道的酒莊，記住一個大原則，就是不要去觀光巴士會停的酒莊，因為那多是專賣給不懂酒，只想買回家當紀念品的觀光客，因此包裝精美、價格也高，不過品質可不保證呈正比唷！

我建議最好先上網查看，可以查該葡萄酒區的官網或當地觀光局，都會列出一些推薦酒莊，很多都是獨立酒農，也都很歡迎客人參訪，不過，不管是大小酒莊《除非是很觀光級的酒窖》，最好都要以電話或網路方式預約，許多大型知名酒莊更只接受預約客人，旺季時更需要提前一個月預約。

至於參觀酒窖方式可分為兩種，大酒莊多有專設導覽團，有些需付門票，參觀完畢後會讓客人品一兩款酒，接著客人可自由在商店裡選購；至於小型的家庭酒莊，老闆不只是工人還得兼導覽員和銷售員，一人分飾多角，所以如果只想參觀品酒，沒打算或無法買個幾瓶的酒的話，最好事先跟主人說清楚來意，看對方願不願意，或者以付費品酒方式參觀亦可。」

瑪琳達：「的確，在法國，若以買酒為前提而品酒，基本上是免費的，就像是免費試吃試飲那樣，不同的是，品完了酒，主人當然也會期待你買酒，若因海關限制無法帶酒的話，也最好先跟主人說一聲，看主人夠不夠大方，願意答應你的參訪，或這乾脆採用付費品酒方式，這樣也算是賓主盡歡！」

Chapter 6

包裝配件篇

還沒開瓶　品嚐到葡萄酒的內在美之前
一瓶酒其實已經藉由外在美的包裝　透露了它的故事
讀懂酒標　善用各種器具和配件
是入門者必學的基本功課

不只內在，外在美也很重要
一瓶酒如何自我介紹

╳ 瑪琳達｜葡萄酒的包裝

她有著玲瓏有致的曲線，她有著令人血脈賁張的外表，她有著千嬌百媚的臉孔，有時，她熱情如火，有時卻冷若冰霜，總不經意地流露出她內心的感情，當心房被打開之際，禁錮的靈魂也被釋放，她化作絲綢般的涓滴，以最美麗的姿態旋轉飛翔，躍入大海般的寬闊懷抱中盪漾著，然後，她甦醒了，綻放出最撩人的神韻、最芳香的氣味…。

酒本身好喝之外，外在門面（周遭配備）也是賣點，更是用來「驗明正身」的最佳證件。而不管是外行看熱鬧抑或內行看門道，這些配備多少可以看出該支酒的背景，甚至酒莊主人及釀酒師的特質。

身在一個講究行銷包裝的時代，更因為葡萄酒的品項實在太多，想要讓人一眼看上，教許多酒莊不得不開始在包裝上下功夫，尤其新世界酒莊，為了和舊世界有所區隔，更把葡萄酒當作藝術品或明星架勢來包裝，那日新月異的設計不但創意十足、更是新穎大膽，放在一大排酒海之中就是很吸睛，馬上跳了出來，讓不少年輕或剛入門的酒迷趨之若鶩，也讓不少傳統酒莊望塵莫及，且大感威脅，於是，包裝這玩意又成為新舊世界彼此拉鋸的歧異點。

其實，近年來，我發現舊世界也順應潮流悄悄改變著，當然對於一些堅持正統的葡萄酒業者，仍使用百年歷史以上的傳承商標而不變，對他們而言，那代表優良傳統，但如今在市面上，還是可以見到愈來愈多法國酒換了新風貌，甚至傳統如亞爾薩斯也有酒莊請藝術家設計，開始嘗試新包裝，成效究竟如何？不可得知！

你知道雖然我也是屬於「視覺派」一族，不可否認地，就是會被亮麗外在包裝所吸引，但我也了解，再驚豔的外衣，終究還是要褪去，然後回歸到酒的本質，因為，最終讓感官擦撞出美麗火花的，還是那誘人的「內在美」，不是嗎？

關於酒瓶的外觀

「從身材就能猜到出生地？」人是如此，葡萄酒更是八九不離十，當然這是以舊世界的角度來說的。

波爾多酒的瓶身，平肩有稜角，就和其酒體一樣渾厚紮實，中國人認為它長得像我們的醬油瓶，不過其真正名稱叫做「克拉黑瓶」（Claret），很有王者風範，另外，新世界如加州某些產區也會用這種瓶身；勃根地酒瓶則斜肩具流線，當地稱之「勃根地瓶」（Burgundy），其瓶身就好像它的酒一樣圓潤優雅，流露后妃風采，某些同以黑皮諾釀製紅酒的新世界產區，也偏愛此種瓶

波爾多酒瓶

勃根地瓶

亞爾薩斯酒瓶

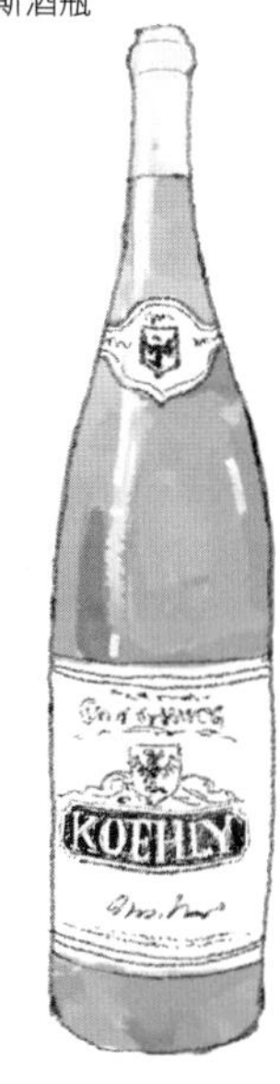

身；亞爾薩斯酒瓶和德國莫塞爾區相同，都屬於細長型，稱之霍克（Hock），不過因跟長笛形狀類似，又有人暱稱為「長笛瓶」（Flute）。

另外，我個人則偏愛德國福蘭肯區（Franken）及葡萄牙部分地區所使用、宛如「宰相肚裡能撐船」的大肚瓶（Bocksbeutel），這種特殊有趣的瓶身，有點像是X.O.瓶，不過更有人戲稱其為「山羊的陰囊」（Goat's Scrotum），因其形狀像垂下來的山羊陰囊（哈，如此想像力未免過於心術不正），至於香檳及氣泡酒（Crémant）因在瓶內進行發酵，其所釋放的二氧化碳約為5～6倍大氣壓力，約為車胎內壓力的3倍，故其瓶壁厚度約為一般酒瓶的兩倍，方足以承受瓶內壓力，不至於爆炸。

大肚瓶

不管酒瓶形狀激發人們哪種天馬行空的聯想，對於舊世界國家尤其恪遵傳統的法國來說，酒瓶形狀即代表了該產區，屬於AOC法定規範，比如亞爾薩斯區就只能使用霍克瓶，不能掛羊頭賣狗肉，不過新世界國家可就千變萬化多了（舊世界國家中的德國也堪比擬，因為它是我所見在包裝設計上最具創意的），只要你喜歡，管它長的短的圓的扁的，甚至不規則狀都可以。

我嬌弱、我怕曬

至於酒瓶顏色也是有學問的。

誠如我總愛拿女人比喻酒，陽光也是酒的天敵，為了怕日光照射的高溫使酒變質，酒瓶多以深綠或深棕色來保護酒，不過愈來愈多酒莊偏愛透明玻璃瓶來裝粉紅酒、白酒，或較不需要陳放的年輕酒，看起來更具設計感、更顯目，當然對酒莊也是挑戰，因為「透明」讓人一眼看穿，所以更得確保酒色清澈無雜質。

來一手易開罐葡萄酒？！

對於手無縛雞之力的人來說，酒最令人煩惱之處就是「重」，一瓶酒75毫升外加約250克的瓶身（氣泡酒瓶更重達約700克！）足足1公斤重，想想看，若隨便帶上個幾瓶，就得有陶侃搬磚般的臂力和毅力（哈！往好處想是可以消除蝴蝶袖），因此腦筋動得快的商人又搞出一堆新玩意，我就曾在超市看過有些酒商，用利樂紙包、論斤賣的汽油桶來裝酒，此外，一家美國設計包裝公司更絕，還研發出和啤酒一樣的易開罐鋁罐裝，想想看，不需要費功夫地拔開軟木塞，只要一旋開蓋子、一打開水龍頭，甚至一拉環，就可以倒出酒來，如此包裝強調便宜、不易破碎又輕盈，外出攜帶更方便，絕對顛覆你對葡萄酒的印象！

不過從這些包裝來看，怎麼看都覺得裡面裝的應該是啤酒、果汁、牛奶甚至汽油，就是不像裝葡萄酒的樣子，難怪班不能苟同：「這種放在鋁箔包或塑膠桶裡的酒根本不能陳放，不變質才怪，所以裡面放的一定都是那些廉價的酒，這哪能叫做葡萄酒？把它當做葡萄汁來喝還差不多！」

關於軟木塞的功與過

談完身材，再來說說酒的「頭套」～瓶口。

眾所皆知，為避免酒接觸空氣而變質，又要使其適度呼吸，不至於「悶死」其中，如何緊緊「套牢」瓶口成為關鍵因素。幸好聰明的歐洲老祖先們打從一開始就知道使用地中海沿岸生產的栓皮櫟（Cork Oak，又稱作『軟木橡樹』）樹皮做成的軟木塞來封瓶，因其具有吸水性強、彈性佳及透氣性好、抗腐壞變質、經過高壓後可以迅速恢復原形等優點，最適合拿來封瓶，讓酒可以陳放多年而完好如初。

不同的木塞，提供了不同質感的選擇。

誠然，用軟木塞來塞瓶口，已行之數千年了，但是直至現在，還有不少酒莊對它又愛又懼，懼怕它的「天威難測」，因為品質再好，難保不會有「凸搥」的事件發生，畢竟軟木塞屬於天然物質，除了得擔心它產生黴菌、影響酒質，也害怕害蟲會侵噬它，所以，在葡萄酒封瓶時，還會套上金色或銀色錫箔紙來保護它。

軟木塞讓人又愛又怕？

根據統計，無論酒有多高級，軟木塞（註1）品質有多優，葡萄酒因軟木塞變質的機率約占3～5%，想想看平均每20～25瓶酒中就有1瓶「中獎」，成了木塞味酒（Corked Wine），實不算少數！通常酒莊在貼酒標或出貨前，一定都會再次檢查軟木塞、過濾篩選掉狀況不佳者，但，還是會出狀況，不幸遇到這種問題，酒莊不只損失信譽，更須回收銷毀，如此名利皆失，讓酒莊憤而與軟木塞業者對簿公堂！

直到現在，這種事件還是時有所聞。這也讓班很傷腦筋，雖然他只使用最好的軟木塞，但還是偶會出包，讓他忍不住說出：「我可以保證我的酒品質沒問題，卻永遠無法保證酒不會因軟木塞而變質！」

於是乎，全球規模最大的軟木塞製造商DIAM近年來研發出一種號稱「絕對不會讓酒變質」的軟木塞，原理是以高科技方法清洗，百分百去除軟木塞中會讓酒產生三氯苯甲醚（2,4,6 - Trichloroanisole，簡稱TCA，存在於軟木塞裡，軟木塞一旦產生黴菌就會讓TCA濃度變高，酒便會出現所謂的木塞味）的分子，是否真如其所宣稱的一樣神奇？班說，自從他改用DIAM軟木塞後，果真沒有再出現因軟木塞而變質的酒。

各種替代軟木塞的選擇

儘管如此，科技日新月異，軟木塞不再是唯一選擇，市面上可見一堆替代

品，如橡皮、塑膠木塞及玻璃塞，甚至和啤酒瓶一樣的金屬旋轉瓶蓋等等，為了節省成本，許多平價酒常用橡皮或塑膠木塞，雖然保證不變質，不過不知為何，看起來就是「廉價」，缺少了那品嘗葡萄酒的美感；至於近年來頗為盛行的玻璃塞（Vino-Lock，又稱為Glass Stopper），由德國人發明，號稱為葡萄酒瓶塞的大革新，兼具開瓶容易（兩隻手指就能辦到）、品質穩定、質感優、有小孔讓酒呼吸、開瓶後易塞回去、環保（可資源回收）等等優點，讓班在試用於某款酒之上後也相當滿意，而他的客人也出乎意料的欣然接受，所以，儘管價格要比軟木塞貴些，他仍然打算在未來增加使用玻璃塞的比率。

酒標的密碼

那薄薄的一張紙上透露了她一生所有的「秘密」，她的年紀、她的血統、她的故鄉、她的父母和她的榮耀等等。

酒標（註2）可說是酒的「身分證」，上面密密麻麻的拉丁文字和阿拉伯數字，字字玄機，標示了葡萄採收年份、產國、產地、產區、等級、品種、釀酒師、酒莊、酒精濃度、所得獎項、編號等等，因此，入門者想要學會選酒，首先得學會看懂酒標。

有人或許會疑惑，英文酒標也就罷了，其他如法文、義大利文、西班牙文、德文等「外星文字」沒一個看得懂，該怎麼辦？別擔心，全世界酒標雖然有繁簡或語言之分別，其實大同小異，萬變不離其宗，只要謹記下列幾個重點，大致不會相去太遠。

＊年份

不少初學者會搞混，不知酒標上的年份指的是葡萄採收、釀造或出廠年份？正確答案是採收年份，基本上，9月葡萄採收後即接著釀造，故採收和釀造年份多相同，而年份也標示了該酒的出生日期，不少人以該酒出生於佳釀年份與否，來推論其品質狀況。

＊產地

分為產地國、產區及產地，如法國亞爾薩斯省海斯菲爾德村酒，在酒標上可看到Product of France（為了看起來更國際化，許多酒標都以英文標示）、Grand Vin d'Alace（亞爾薩斯特級酒，或單寫Alace也可）、Richsfeld（可能是產區名、領地名或村名，這對一些明星級酒村及酒區特別有用，尤其在波爾多及勃根地區）。

＊等級

A.O.C.級酒（Appellation d'origine contrôlée，法定產區管控，不只適用於葡萄酒，同時也適用於乳酪、蜂蜜、薰衣草等各種農產品上）為法國最高等級的葡萄酒，若要成為A.O.C.級酒（註3），可得符合法國國家葡萄酒產區管制局（Institut National des Appellations d'Origine）所有嚴苛的法定規範，包括葡萄園裡可種植的葡萄品種、範圍、密度、栽種、修剪方式、每公頃產量，乃至於收成時間、糖份及釀酒方式、酒瓶形狀、酒標內容等等，都不能悖離法令，否則隨時都有可能被稽查員（註4）警告、罰鍰，若不即日改善，甚至會被降級為地區酒。

＊品種

除亞爾薩斯區之外，法國其他地區如波爾多等產區的葡萄酒，多混合兩到三種品種，故不特別標示出葡萄品種，不過近年來，有些酒莊會在酒瓶背面另外貼上一張酒標，標出該酒由多少百分比的不同葡萄品種所混合釀製，讓消費者一目瞭然，至於亞爾薩斯區，因為多採用單一品種釀酒，故會單獨標示出。

＊酒莊

對名牌酒來說，酒莊名稱就像是品牌形象，極具影響力，不少酒迷會光看酒莊名稱就決定購買與否。在波爾多，酒莊管叫做酒堡（Château），不過可別被「城堡」這一名詞所沖昏了頭，以為波爾多每座酒堡都和印象中的城堡

或五大堡一樣雄偉豪華，其實，尚有許多獨立酒農（註5）經營的小酒農，沒有豪華門面，也叫做酒堡；至於勃根地及亞爾薩斯等產區，酒莊則是以「莊園」（Domaine）命名之，僅有真正擁有城堡的酒堡，方能名符其實地稱為「Château」，不過，不管使用的是酒堡或莊園之名，都代表著自產、自釀、自銷獨立經營的酒農，而非大型合作社或酒商。當然現在想跨海當葡萄酒農（註6），把自己的名字印在自產的葡萄酒上，也不是不可能！

＊裝瓶

對於自產自銷的獨立酒農，比如亞爾薩斯和香檳地區者，都是由酒農自行裝瓶，別無他處他法，故並不需要特別標示於何處裝瓶。不過，在波爾多，不少酒莊都是直接將酒賣給酒商（法文為Negociant，葡萄酒仲介商）裝瓶、銷售，部分酒商甚至會將買來的酒另行調配裝瓶，嬌弱的酒最怕晃動、光線及高溫，以上做法難免會讓酒造成損傷，與原酒品質也會有所差異，因此，為了讓消費者了解，這酒從何而來，多數酒莊會標示「Mis en Bouteille au Chateau」，表示該瓶酒是在該酒莊裡裝瓶、銷售，若標示「為Mis en Bouteille par＋酒商名稱」的話，則是代表該酒是由酒商裝瓶。

＊編號

在法國，越來越多的酒莊喜愛使用編號標示每一瓶酒，每瓶酒都有不同編號，像是為酒標上身分證字號，讓消費者感受到獨一無二的尊寵，然而除此之外，似乎沒有什麼重要的意義，幫每瓶酒編號？對班來說，「只是行銷噱頭罷了」！

亞爾薩斯的酒標圖示

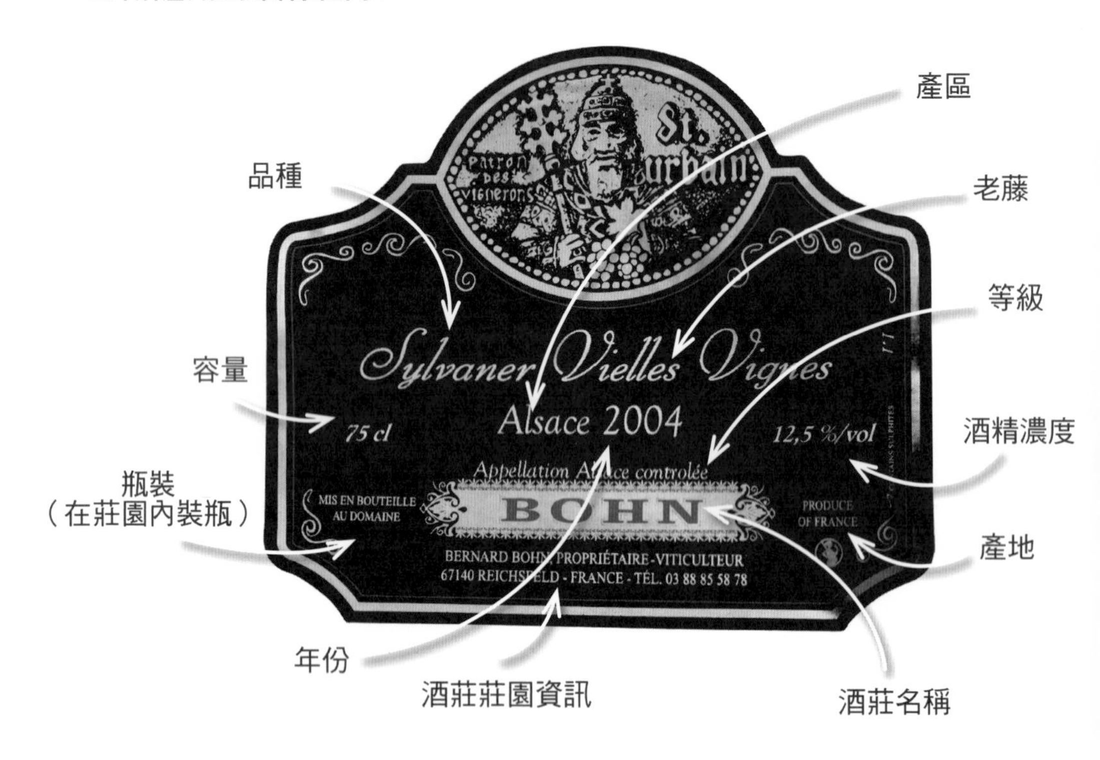

關於酒杯的選擇

不知你有沒有印象，在電影「尋找新方向」中，熱愛葡萄酒的男主角麥斯因極度失意，一個人跑到速食餐廳裡，把珍藏許久、61年份的白馬城堡（Chateau Cheval Blanc）偷偷倒在塑膠杯裡，一面牛飲，一面大啖漢堡，看了可真令酒迷們揪心。如此珍貴的波爾多紅酒本應該在重要時刻和重要的人分享，應該用最晶瑩剔透的水晶酒杯盛裝之，沒想到，最後卻淪落到「塑膠杯」裡如斯下場，如此強烈反差透露了用塑膠杯喝葡萄酒之不敬，對酒迷如此，對釀酒者更是如此。

記得曾有一次在台灣，忘了何種場合，班看到大家拿起紙杯喝酒，當場愣

住了，同時面露不可思議的表情：「你們……用紙杯喝酒？天哪！難道這裡連一個酒杯都沒有？」我想若他會中文的話，可能會連「褻瀆神明」如此字眼都會冒了出來！

當然，對家中有著堆積如山、各式各樣酒杯的他而言，實難以想像，葡萄酒竟裝在紙杯裡喝！為避免造成他以為「台灣人只用紙杯喝酒」或「台灣沒有酒杯」的錯誤印象，我告訴他：「那是因為身邊沒有酒杯，我們才會用紙杯，圖方便之故，不過基本上，多數人喝酒還是會用酒杯！」

後來我才知道，其實班在意的倒不是非得拿什麼正式酒杯不可，沒有酒杯，玻璃杯、馬克杯甚或塑膠杯都能勉強湊和，但就是不能是「紙杯」，他的理由是紙杯上塗有聚乙烯膜，有一股怪味，把酒倒進其中，會影響酒的味道，對品酒來說是一大敗筆，他甚至還說「若什麼杯子都沒有的時候，我寧願直接對嘴喝！」

酒杯裡的奧妙世界

在歐美國家的家庭裡，酒杯可是必備餐具之一，也是不可或缺的裝飾品，對一些非常講究的專家或酒迷來說，什麼樣的酒就得配什麼樣的酒杯，一點都不能張冠李戴，像是波爾多酒得配由身型優美的鐘型杯、勃根地酒則要配中廣的喇叭杯、至於亞爾薩斯酒則是配淺盤口、綠色高腳的碗型杯（註7），而香檳要配窄口、瘦長的鬱金香杯。

直至今日，酒杯形狀及功能設計可說是日新月異，名堂多多，環肥燕瘦，任君挑選，現在，甚至還有強調搭配特定葡萄品種的酒杯，如專為波爾多Cabernet Sauvignon、Cabernet Franc等葡萄品種釀製的酒款設計的酒杯，另外還有適合Cabernet、Merlot、Rioja的酒杯，我也曾在某家酒杯專賣店中看到莉絲琳酒的專用杯。對於侍酒師及設計師來說，酒杯形狀的不同對照出酒本質之差異，酒杯雖不會改變酒的本質，卻可以影響酒的香氣、果味、酸度、單寧及平衡感等。

＊鐘型狀的波爾多酒杯 （23 Oz）

是因為此區的紅酒酒體重、單寧高、果味濃郁、香氣層次複雜，所以要中廣口窄的鐘型狀設計，中廣大肚是要讓酒有較大面積接觸空氣而甦醒，柔和單寧，故斟酒時，最好只倒約三、四分滿杯口最寬之處即可，勿因酒杯大就斟到八、九分滿，那會讓人「看笑話」，至於窄口則是要鎖住濃郁的果味，同時導引讓酒流向舌中央，並擴散至四處，讓酒的酸度及果味可相互平衡。

＊體積最大支的勃根地酒杯 （25 Oz)

酒肚渾厚，杯口卻如盛開的喇叭花瓣，稍為向內縮後又綻放，是因黑皮諾酸度略高、單寧柔和、香氣優雅，碗型酒肚可讓其細緻香氣充分散發出來，而喇叭口造型則是將酒先導入舌尖的甜感區，藉以緩和酸度，平衡口感。

＊白酒杯

個子較小，用途卻最廣，因取其新鮮清新的果味，不需大範圍接觸空氣，縮口處意在擷取香氣，故舉凡白酒、口感清爽柔和的粉紅酒或紅酒，都能一杯喝到底。

＊香檳杯

無論杯腳或杯身都呈現優雅修長造型，鬱金香杯型最常見，而不少杯底裡有細微凹陷設計，意在減少酒的表面張力，讓輕盈圓潤的氣泡不會消失太快，可以源源不絕地湧出、上升，和其它靜態葡萄酒不同，斟氣泡酒時不妨倒約七八分滿，如此可藉由修長杯身，欣賞一串串的金黃色珍珠旋轉飛舞著，也算賞心悅目。

以上為酒杯製造商對各種酒杯的闡述，我看他們說得頭頭是道、煞有介事，卻教我很疑惑，我們真的需要這麼多款酒杯嗎？不同酒杯真的會讓同樣的酒產生不同的效果嗎？我和班把家裡各種不同的酒杯全部拿了出來，再把各種

鐘型狀的波爾多酒杯／

25 Oz

白酒杯／

6.5 Oz

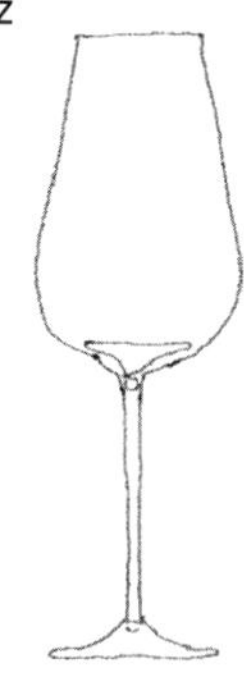

10 Oz

12.5 Oz

小杯香檳酒杯／

6 Oz

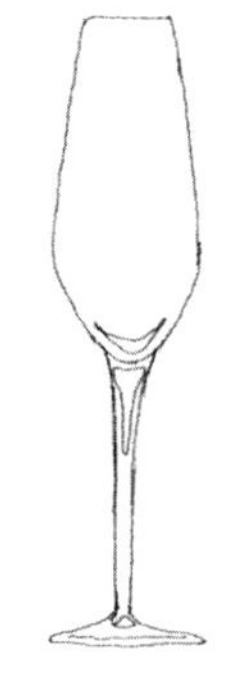

鬱金香香檳杯／

6 Oz

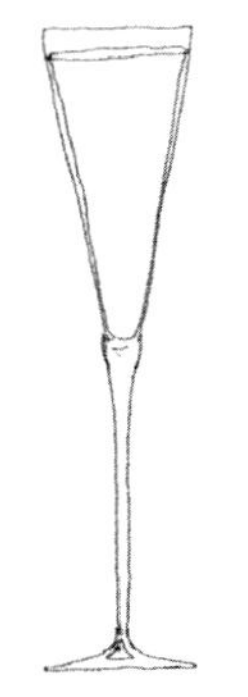

大杯香檳杯／

9.25 Oz

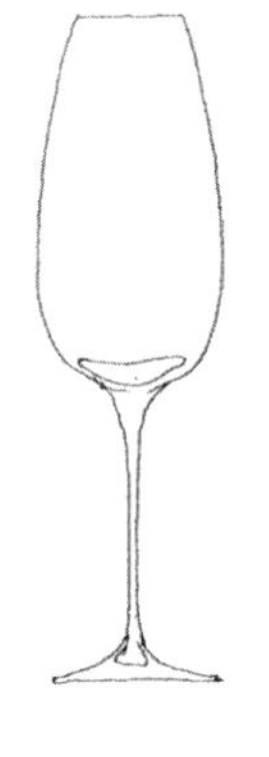

註：1盎司Oz＝31.1035公克

不同紅白酒端上桌，準備來好好測試一下，而經過多次的測試結果，我們也有了自己的心得，那就是「大比小好、豐滿比平板好…」，別想歪了，我指的是容量大、中圍廣、開口縮，具有飽滿曲線的酒杯，的確可以酒迅速散發香氣，同時讓酒更加順口，和那小酒杯或是直線形的酒杯更能表現酒的複雜度，儘管如此，真有必要每喝一款酒就得換一個酒杯嗎？班就說；「對我來說，只要有一個中廣大酒杯、香檳杯和亞爾薩斯杯，這樣就夠了！」

是呀！品質好的酒杯更是價值不斐，水晶酒杯不消說，一對出自名廠的水晶酒杯價格往往要上萬元，普通玻璃酒杯一對動輒也要數千元，如果一個不小心「洗」破（註8）了，可真是會讓人心疼。其實，對入門者來說，家中只要備有香檳杯、紅酒及白酒三支不同酒杯即綽綽有餘，而挑選酒杯只要質地晶瑩剔透、厚度穠纖合宜、重量恰當即可，基本上，一支價格200～300元、只是機器製造的玻璃酒杯就挺OK的，當然如果有錢也何妨買上幾支Riedel知名品牌，不過說起來，酒杯終究屬於消耗品，要買就買那些打破了，心也不會淌血的就夠了。

關於醒酒瓶的功用

不管你有沒有親眼見過或親手試過，不過相信許多看了漫畫《神之雫》的人，都會被神咲雫將酒瓶高高舉起，並將酒如涓滴般緩緩倒入醒酒瓶中，就像施了魔法一般，瞬間喚醒紅酒那神乎其技的醒酒功夫而傾倒，世上是否真有如此蓋世武功不得而知，至少我沒見過，然而，一個簡單的醒酒瓶（註9）卻有如此神奇功效，不得不讓人嘖嘖稱奇，這都得歸功於它那「有容乃大」的氣度和葫蘆般的優美「曲線」。

酒到底要不要醒？

再來是酒到底需不需要用醒酒瓶使其「甦醒」？若是，那又是哪類型酒？需要多久，酒才會醒？答案眾說紛紜，許多侍酒師及品酒專家皆各持己見，「公說公有理、婆說婆有理」，更讓眾酒迷們無所適從。

好比我們真的需要醒酒瓶嗎？有人認為，只需在打開瓶蓋後，讓酒靜置一陣子，進行所謂的「瓶中醒酒」動作，又或直接倒入酒杯中使其「杯中醒酒」，無須大費周章動用到醒酒瓶，曾有一群品酒專家進行盲飲實驗，將同款酒分三種方式處理，一是於品酒前一小時先開瓶，進行瓶中醒酒；一是一小時前倒入醒酒瓶中；一是品酒時方開瓶倒入酒杯中，結果，專家們一致認為未經醒酒、開瓶直接倒入杯中的最順口。

不過班卻不認同，他認為酒款個性皆不同，不能等同視之，換了另一款酒，也許答案就會不一樣，尤其對於某些酒來說，醒酒瓶的確具有短時間內釋放酒驚人潛力的作用，而除非開瓶後隔天再喝，否則瓶口如硬幣大小，酒在瓶中是無法快速甦醒的，至於倒入杯中，也要等上好一段時間。

老酒還是年輕酒需要醒？

我們姑且說醒酒瓶有存在之必要，接下來問題又來了，什麼樣的酒需要醒？相信很多人跟我之前想的一樣，認為理所當然是陳年老酒，因其靜置於瓶中沉睡多時，單寧及香氣已被鎖住，開瓶後需要花較久時間接觸空氣，讓酒呼吸甦醒，重新釋放香氣，乍聽頗有道理，不過經由班的提點，讓我一語驚醒夢中人：「老酒經過長期陳放，藉由軟木塞上的細微縫隙，早有足夠時間呼吸，若還使用醒酒瓶一下子大面積接觸空氣並搖晃之，小心酒質本已脆弱的老酒會因過度氧化，還沒醒來就已死啦！」

在班的觀念中，空氣是老酒的天敵，開瓶後最好避免接觸過多空氣，若真要去除長期悶於瓶中的軟木塞或二氧化硫等異味或酒渣，最多，倒入換瓶器內即可，這也是為什麼正統換酒瓶特意加瓶塞以阻絕空氣之故；至於真正需要醒的，應該是那些適合長期成熟型的酒（需要經過5～10年甚至20幾年的陳放，才能完全熟成、讓味道全開、散發出最佳風味），卻在離適飲期還有好長一段時間的「年輕」階段，即被迫開瓶，此時的酒，香氣閉鎖，單寧堅硬不可口，可以藉由醒酒瓶，讓酒瞬間大面積接觸空氣，讓酒得以呼吸，進而在短時間內達到高峰，舒展其渾厚酒體，軟化單寧，爆發其原有的潛力。不過，對於酒體單薄的便宜酒來說，如此大費周章地醒酒，並不會讓它變得更好喝，所以，也就不必拿出醒酒瓶來裝模作樣啦！

開瓶器

感謝軟木塞的存在，讓開瓶成了一種賞心悅目的儀式。

品酒既是件優雅品味的事，開瓶儀式也得從容不迫，君不見許多餐廳侍酒師或侍者開瓶的那神色自若模樣，尤其是自詡為葡萄酒愛好者，更不能讓自己在眾人面前顯得手足無措、窘態畢露，甚或狼狽不堪，那真是「糗很大」！所以葡萄酒入門重點之一，還包括學習如何「輕鬆地」開瓶。

我承認，我不是個巧手之人，更沒有許多開瓶經驗，以往總覺得開瓶，這種事交給現場的紳士就對了，而淑女如我只管巧笑嫣兮地坐著等酒送上門來就好了，然而如今身在酒莊，不會開瓶恐貽笑大方（當然首先被班嘲笑：「你～你居然不會開酒！」），於是只得拼命練習，我使用的是優雅無聲的「侍者之友刀」(Waiter's Friend)，它不只是侍酒師的朋友，也深獲酒莊主人班的讚賞，對我這種擁有「蓮花手」的人也大有幫助，此為兩段式開瓶法，如何握穩瓶身，如何輕巧地將螺旋錐轉入軟木塞中央，如何將開瓶箝緊套於瓶口上，不至於滑掉，如何掌握力道等等，都得需要靠經驗累積，方能開得流暢、一氣呵成；班則慣用傳統的T字型開瓶器，先把螺旋錐整個沒入軟木塞裡，接著把酒瓶緊緊夾在雙腿之間，一手抓住瓶口，另一手使力將螺旋錐往上拔，啵一聲馬上開瓶，就這麼簡單！我稱此為「酒莊主人的豪邁開瓶法」，不過沒有一點臂力可沒辦法。

開瓶器又有人稱其為酒刀，從傳統的蝴蝶型及螺絲刀開瓶器，到現今隨著人們的巧思，越來越多強調符合人體工學或輕鬆簡易功能，包括侍者之友刀、氣壓式開瓶器，也有不少酒迷把蒐藏法國那有蜜蜂標誌的Chateau Laguiole昂貴酒刀當作嗜好，還有專為手無縛雞之力女士所量身打造的電動開瓶器，我本人倒沒試過，很想買來試試是否真如此輕鬆好用？

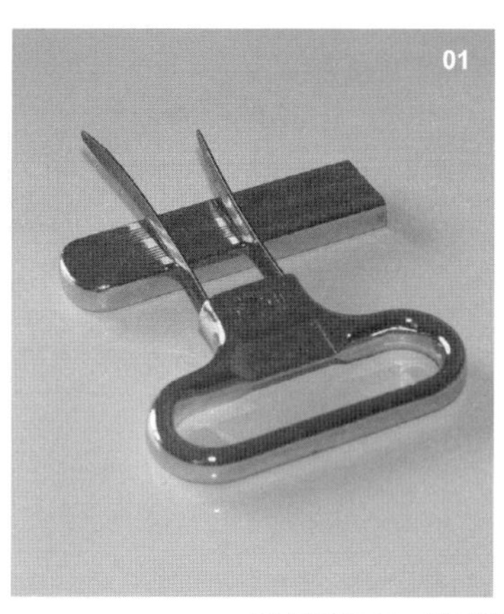

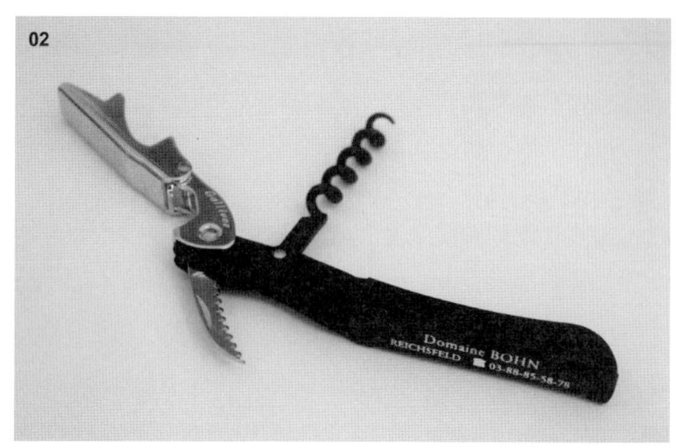

01有了AH-SO，優雅的開瓶老酒也不成問題。**02**侍者之友刀，讓開瓶葡萄酒變成一件很輕鬆的事。

另外，德國人發明的AH-SO（德文之意為「原來如此」！），強調為專開老酒的開瓶器，近年來還頗受一些酒迷喜愛，AH-SO造型像兩隻長短不一的腳，專門來對付陳年老酒上那些稍硬易碎或爛巴巴的軟木塞，或是軟木塞斷成兩截，一截卡在瓶口的情況，此時，只要將長短鐵片完全插進軟木塞與瓶口的縫隙中，然後不疾不徐地邊拔邊左右搖呀搖，同時還要邊轉動瓶身，就這麼邊拔邊搖地把軟木塞給拉了出來，不需使勁費力，軟木塞還保持完整如初。我曾在朋友家試過一次，挺有趣的經驗，不過看似輕鬆簡單，實際上還是需要一些技巧跟力道，否則像我搞得滿頭大汗，手痠背痛，糗態畢出，也是一絕。

吐酒桶

眾所皆知，葡萄酒是高雅品味的象徵，酒要優雅地開瓶、酒杯要以「帥呆了」的姿態握著，喝酒時更得舉止端莊大方，如此「勿忘影中人」的畫面實難和那種「隨地吐痰」的景象相連，然而，正規品酒場合上，需要嘗遍百酒，全數飲盡恐酒精中毒，淺嘗即止也可能醉倒，於是品酒專家們僅小啜一口，用眼鼻口感受後即吐掉，並不會真正喝下肚，所以隨處可見紳士淑女吐酒的畫面。

一開始，我跟著大家吐酒，總覺得怪怪的，或許因「經驗不足」讓我手足無措，不知該怎麼吐才自然又帥氣，而後經過多方觀察，發現吐酒時先將嘴噘成吹口哨狀，讓酒在嘴裡快速旋轉，接著快狠準地直直朝向吐酒桶裡吐，酒就會化成一道長長的弧線，如此酒沫也才不會四處飛濺，或殘留於嘴唇四周，搞得自己狼狽不堪，我就曾見過班和其他酒莊主人到我家酒窖品嘗新酒時，那精湛的吐酒功力令人深感佩服，他們可以邊聊天邊走動，連頭也不低一下，即以迅雷不及掩耳的速度地「噗」一聲，準確無誤地將酒吐到地板上或水溝槽中（連吐酒桶都沒有），接著繼續談笑，一副無事人的模樣，這真是「行家級」演出，難怪聽過一種說法：「要知道對方是不是萄酒專家？先看他吐酒的模樣就可窺出端倪了！」

當然多數人沒有酒莊主人那種百發百中的蓋世神功，所以一般品酒場合都有準備吐酒桶，吐酒桶可大可小，有未加蓋或加上圓孔蓋的，當然也可以拿冰桶或是水桶來代替，反正不管什麼桶，記得，需品嘗多種酒款時，可千萬要吐酒啊！別一杯杯地把酒飲盡，如此，是會讓人「看笑話」！

防滴片

倒酒時最怕酒沿著瓶口滴了下來，尤其是紅酒，不僅附著於瓶身上黏答答的，滴落於桌布上時宛若渲染的殷紅之血，看起來就是不舒服，若不小心滴在身上更是糗大，因此，經驗老道的餐廳侍者在倒完葡萄酒，將酒瓶立直之前，會先轉動酒瓶，讓酒滴不會順勢流下，抑或拿出餐巾擦拭酒滴。

雖然各種防滴的發明不斷問世，其中最受歡迎的卻是防滴片，英文管叫drop stopper，法文則是anti-goutte，法國人愛喝酒，不過丹麥人卻很聰明，發明了這薄薄一片卻大大有用的防滴片，它長得就像是小型CD片，不過其鋁箔材質，輕薄易摺及彎曲，且立刻恢復原狀，神奇的是，因其上塗有防水油性薄膜，故只要在瓶口套上防滴片，不論怎麼倒酒，酒就是一滴也不會滲出，比拿塊布隨時擦拭或是防滴環要好用易攜帶多了，這專利可讓這位丹麥仁兄獲利不少，由於防滴片可反覆使用50次以上，上面還可以放上LOGO打廣告，讓法國許多酒莊都喜歡一次大量訂購，用來送給客人。

瑪琳達的包裝配件筆記本

註1 就是愛軟木塞

「瞧！那就是做軟木塞的橡樹！」記得當我們去蔚藍海岸旅遊時，沿途班這麼對我說。我望著那高大聳立的橡樹，樹皮被刮得露出了樹心，班說，軟木塞取自於橡樹樹皮，為了讓被剝掉樹皮的橡樹可以休養生息，不破壞大自然平衡，要過9年後才會再度使用，因此，軟木塞一直被視為相當環保的產業，然而軟木塞變數多，其他強調不變質材質的取代品，逐漸威脅其地位，然而，許多有「軟木塞」情結的釀酒業者跟酒迷依舊對其不離不棄，當然情感因素多過於實質意義，喜歡它的柔軟帶有彈性觸感、喜歡它沾染的酒香味，喜歡那獨一無二的開瓶儀式、喜歡那「啵」的輕脆聲響，更愛那質感象徵，就像你能接受一瓶出自五大堡的名酒用的竟然是金屬瓶蓋嗎？那簡直就像花腔精湛的歌劇名伶，妝容高雅、華服絢麗，卻足蹬一雙球鞋那樣不搭調……，班就預測，不管環境如何轉移，未來軟木塞依舊稱霸天下。

註2 酒標藝術化

酒標不只是身分證，也是酒的「臉蛋」，套句老話，內行人會仔細觀察酒標上的字裡珠璣，窺出端倪，至於初入門或外行者，則先看酒標「靚不靚」。我承認，在一大堆葡萄酒之中，那些別出心裁的酒標總是特別抓住我的目光，尤其新世界或舊世界的德國，更是把酒標當作藝術品，盡情揮灑創作，其用色大膽、設計前衛，呈現該產國特色，總令人眼睛為之一亮，忍不住好奇地多瞧幾眼；另外，有些酒標或以風趣幽默、或以名人照片方式呈現，有了大明星照片加持，酒本身當然身價大漲。

一則希望以強烈風格塑造酒裝形象，一則盼藉由亮眼酒標吸引消費者目光，進而掏錢購買之，於是乎，越來越多的年輕酒莊喜歡玩酒標設計。

然而，法國傳統產區的許多酒莊，酒標卻依舊維持「傳統」，就是那種千篇一律繪有一大片葡萄園及宏偉酒莊的素描，至於班則是介於「傳統」與「前衛」之間，當然，他父親那一代傳下來的傳統酒標，在他手上已循序漸進地作了多次更改，直到如今，他還不是很滿意，於是只要有空，他就會到賣場或上網蒐集一些設計感不錯的酒標作為參考，我曾勸他若要改酒標就得放手一搏，置之於死地而後生，乾脆酒標全部重新設計，找出酒莊的風格來，儘管當下他舉雙手雙腳贊成，然而到最後卻依舊躊躇不前：「我總得顧及我的老客戶們呀！他們習慣了我原來的酒標，我之前只有稍微做了調整，就有不少客戶抱怨，如果我現在大幅度改變，那麼他們肯定以為我的酒也不同了，會要求退貨唷！」唉，對於傳統老顧客的堅持，班是永遠放在第一位。

註3 法國葡萄酒等級—A.O.C

法國品質最高的葡萄酒是法定產區葡萄酒（Appellation d' Origine Controlee，簡稱A.O.C）。而A.O.C.中間的origine會因產區不同而不同，比如亞爾薩斯酒沒有村酒或是日常餐酒之類，只有A.O.C.這一百零一種等級，所以大家看到的標示比較特殊也比較簡單，那就是Appellation Alace Contrôlée。然而，在波爾多、勃根地等酒區，法定產區則分得更細，不只分省份，甚至還分為產區、酒村或城堡，通常產區分得越小，代表管控更為嚴格，等級要來得高些，其標示方式為Appellation＋（ d'Origine省份名、產區名、村莊名、城堡或葡萄園名）＋Contrôlée。比如波雅克村（Pauillac）位於波爾多的梅鐸區（Médoc），一瓶標上「Appellation Pauillac contrôlée」的村莊酒，就會比標了「Appellation Bodeaux contrôlée」的葡萄酒，品管要來得更嚴謹，因為區域縮小、葡萄產量更少，價格也更高。

而A.O.C.之中依地區或葡萄園品質不同分為不同等級，如眾所皆知的特級葡萄園（Grand Gru），則是經由A.O.C.機構評鑑為最高等級葡萄園，其所生產的酒等級為Grand Cru Classe，象徵「列級酒」。

＊波爾多分級制

波爾多左岸分級制相當複雜，很多入門者一時之間都會搞不清楚，簡而言之，其中最重要的為於1855年由梅鐸區（Médoc）及蘇玳區（Sauternes）共同成立的「列級酒莊制」（Grands Crus Classes en 1855），通常都會寫在酒標上，內行人一看便知該酒來自於該兩處，而列級酒莊又細分為一（法文Premier Cru、英文First-growth）、二（法

文Seconde Cru、英文Second-growth）、三（法文Troisieme Cru、英文Third-growth）、四（法文Quatrieme Cru、英文Fourth-growth）、五級（法文Cinquieme Cru、英文Fifth-growth）莊園，其中一級莊園就是聞名遐邇的五大堡。

不過，列級酒莊制自1855年制定後，其中列級的酒莊幾乎沒有什麼改變過，這讓許多未列級酒莊、其他產區或新興酒莊不服，故後來有衍生出多種不同的列級制度，而其中較為人熟知的為1932年制定，但遲至2003年才由官方認定的「中級酒莊制」（Crus Bourgeois，Bourgeois法文原意為資產階級者），其中又分為三個等級，包括Cru Bourgeois，中級酒莊或布爾喬亞酒莊，有些人認為這是最「物超所值」的產品；Cru Bourgeois Superieur，優良中級酒莊，比中級酒莊再高一等級的酒；Cru Exceptionnel，特等中級酒莊，最高等級的中級酒莊，目前共有9家。

而波爾多右岸的聖愛美濃（Saint-Emilion）區，則是於1954年時，由酒商專家將A.O.C.分為三種等級，包括：Grand Cru、Grand Cru Classic、Premier Grand Cru。

*勃根地分級制

勃根地區酒於A.O.C.中分為四種等級：特級（Grand Cru）、一級（Premier Cru），再來則是村級（Appellation communale）、地區級（appellation régionale，即Appellation Bourgogne contrôlée）四種級別。

*A.O.C.級酒之下還可分為三等級

依優劣分別為V.D.Q.S（優良地區葡萄酒）、VIN de PAYS （地區葡萄酒）和VIN de TABLE（日常餐酒）。

註4 小心！「那個人」就在你身邊……

來到法國以後，我常因其公家機關的辦事「效率」抓狂，還記得申請已過數個月，我的居留證卻仍以牛步從巴黎慢慢地「爬」著……，不過，只要扯到A.O.C.有關之事，政府敏捷迅速的身手卻讓我佩服地五體投地！記得有一次，班看完一封信後竟火冒三丈，原來稽查員發現他的葡萄園裡有一小部分的葡萄樹幹沒有按照亞爾薩斯A.O.C.規定、剪綁成一對山羊角狀，於是，來函請他寫信解釋，並令限時改善，否則將被罰款，雖然事後證實是場誤會，不過我才恍然大悟，原來這些稽查員宛若有對隱形的翅膀，來無影、去無蹤，看似不存在，卻時時「監視」著酒農的一舉一動，這些葡萄園都位在荒郊野外，政府卻能瞭若指掌，且反應快速（許多時候是因有「線民」通風報信，所以最好能敦親睦鄰，沒事千萬不要和別人結怨呀！），除此，稽查員三不五時還會抽查酒農酒窖有沒有偷偷多釀酒等不法之事，而一旦被發現的話，輕則被罰款（罰款～這可是讓「酒農痛、政府快」的名詞），重則被取消A.O.C.資格或釀酒執照，即使事件過後，酒農也得時時繃緊神經，隨時提防有人出現在身邊，因為未來兩三年內，稽查員總會特別「關照」之。

註5 法國葡萄酒製造商

在法國，能釀酒和賣酒的單位基本上分為三種：酒農合作社（Cooperative）、酒商（Negociant）及獨立酒農。

酒農合作社（Cooperative），是最大型的釀酒和賣酒單位，通常是一家由百家左右的小酒農一起入股成立的大型公司，以合作社型態經營。也就是說，合作社收購小酒農的葡萄並釀製成酒，其付費方式是論公斤秤重計價，平均1公斤約在1～2歐元之間，到了年終，若有盈餘，合作社還會分紅給酒農們。

由於產量大，合作社收購葡萄時較重量不重質，再加上合作社收購的葡萄來自四面八方，品質良莠不齊，所以大多數都採混和釀製，品質也有待商榷。

至於酒商（Negociant），和酒農合作社不同的是，雖然他們偶而也會收購葡萄，不過主要較像大型裝瓶中心，即跟酒農買現成釀好的酒，價格則是以公升計算，平均1公升約為1.5～3.20歐元左右，酒商將買來的酒混合裝瓶再銷售，品質仍是參差不一。既然合作社與酒商的產量如此大，為何市面上卻不常見？原來他們也搞「魚目混珠」這一套，酒標上標示類似獨立酒農的方式來放人名，如Bermard BOHN之類的，乍看之下還以為是獨立酒農生產的酒。

最後一種為獨立酒農，即酒莊自行種葡萄、釀酒及銷售，不假手他人，由於所有的酒都來自自家葡萄園，保證血統純正，如今法國就有獨立酒農組織（Vignerons Independants），其標誌為一個扛著大酒桶的酒農，所謂團結力量大，單打獨鬥不夠力，於是不少酒農加入協會，只需繳交年費，協會會幫忙宣傳行銷，同時舉辦各種酒展及品酒會。一向不愛受拘束的班則未參加，他的理由是：「我就只愛種葡萄釀酒，

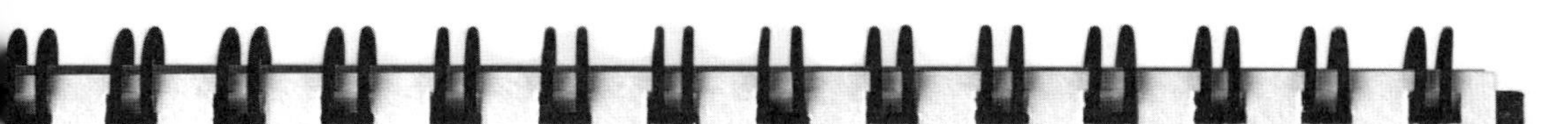

不愛參加那些無聊的組織團體，一堆繁文縟節的，麻煩麻煩！」

註6 不呼嚨～你也可以當酒莊主人！

許多人愛葡萄酒，甚至夢想某天能當酒莊主人，想想看遠在海外擁有自己的葡萄園，是如何的浪漫？不要以為這是癡心妄想，現在就有人能幫你完成心願！所謂「有錢能使鬼推磨」，只要有錢，開飛機、上太空都不是問題，何況是擁有小小的葡萄園？瑞士、法國都有酒莊推出葡萄園分批出租認養計畫，時間為1～10年皆有，價格台幣6千～三萬不等，就能成為酒莊主人的一份子！酒莊不但會給你一張葡萄園業主證明書，葡萄園上還會掛有「認養者」名字的牌子，認養期間不只可以上網查看你的寶貝葡萄園現況如何，是否有受到悉心呵護，甚至還可以千里迢迢飛奔到葡萄園，親手撫摸之，同時學習當個酒農照顧葡萄園，或在採收期間親手剪葡萄，最後，當葡萄採收釀成酒後，酒莊還會贈送一瓶標有你名字（或任何你想要標上的名字）的酒，送禮自用兩相宜，這絕對是世間僅有，獨一無二的葡萄酒！

相關網址www.mesvignes.com、www.vinsdemorges.ch

註7 亞爾薩斯酒杯

站在一堆形形色色酒杯之中，傳統亞爾薩斯酒杯就是特別搶眼，只因它那條優雅修長的「綠」腿（這似乎跟亞爾薩斯酒瓶、鸛鳥、男人特性一致，都是腿長），支撐著一個淺盤狀的小酒身，不過，碗般大的開口卻容易讓香氣流失，因此出現了改良款的新式亞爾薩斯酒杯，少了綠腿，杯口向內縮，更具流線前衛感，已逐漸取代傳統酒杯，不過我很納悶為何許多亞爾薩斯餐廳和店家依舊使用傳統酒杯？「那是給觀光客用的呀！」班這樣說。

註8 酒杯和醒酒瓶如何清洗？

在我們家，打破酒杯可說是家常便飯，而那辣手摧花之人正是敝人在下我，還記得初當「洗杯婦」之時，因不懂得如何使手勁，往往洗著洗著或擦著擦著，喀嚓一聲，酒杯竟就這麼破了，尤其細長脆弱的杯腳，更常常斷成兩截⋯，而後因跟著班南征北討地參加過多次酒展（我們會提供客人小型玻璃酒杯，而非紙杯或塑膠杯，往往一天下來，扣除偶被不肖之徒摸走的，所帶來的20多個酒杯當然不夠用，因此得不斷地洗杯子），清洗酒杯竟成了我的專長。許多酒杯強調經過白金玻璃技術處理，堅固耐用，因此若在家中，我會將酒杯放入洗碗機中清洗，洗淨之後倒也是亮晶晶的，不過若出門在外，就可得用手洗了，基本上，不需動用到清潔劑，只要準備兩桶水，先將酒杯放入熱水桶裡浸泡，最好加上一兩匙白醋或滴上檸檬汁，可去除汙漬、油漬及雜質，接著再換到冷水桶裡洗乾淨，之後拿出來抖乾水分，先將其倒立靜置一會兒，滴乾水分，再用大塊乾布擦拭，可拿不織布、沒有棉絮的抹布或舊T恤來擦，講究一點，拿擦電腦銀幕或相機鏡頭的魔術布，再高調一點，還可以買酒杯專用高纖維拭布，不過記得擦拭布尺寸一定要夠大，大到可以從頭到腳地包覆起整個酒杯，同時還可以伸進杯身裡，而擦拭時也得小心翼翼，最好一手握住杯座並順時鐘緩慢旋轉，另一手則拿著布輕輕擦拭杯身內外，轉個幾圈後，酒杯保證閃閃動人！

至於醒酒瓶，由於體積更大，瓶底更深，無法將手指伸進去洗淨擦拭，一般可先用漂白水清除瓶中的紅酒色素，之後同樣可以浸泡於熱水中，並來回沖洗個三、四次即可，如何讓醒酒瓶乾燥，除用擦拭布擦乾能力範圍所及之處外，建議不妨可放乾燥劑於瓶中，清除水氣，使其乾燥。

註9 是Decanter還是Carafe？

不過，對於醒酒瓶名稱及功能，至今仍有不少歧義，首先且容我來正名一下，中文稱為「醒酒瓶」，顧名思義，是讓沉睡之酒得以甦醒，藉由把酒倒入此瓶中，一來可藉由換瓶去除酒中沉澱物，二來可讓酒接觸空氣，得以「呼吸」，進行氧化過程。

眾所皆知，我們所說的「醒酒瓶」，英文為Decanter，源自於法文Décanté，意思為「轉換」之意，故Decanter真正的翻譯應該為「換瓶器」，主要功用是去除酒中沉澱物，故加了瓶塞或防滴器（stopper）。而我們所認知用來讓酒接觸空氣、藉此讓酒呼吸甦醒的瓶子，正式名稱應該稱為玻璃水瓶（Carafe），兩者的名稱、功能都不同，在昔日，Décanté和Carafe各有各的使用時機，只不過因釀酒技術愈漸發達，酒中沉澱物變少，換瓶去雜質的實質意義並不大，單純為了換瓶而換瓶的機會愈來愈少見，到了後來，反倒成了兩者合而為一的醒酒瓶，Carafe 也陰錯陽差變成了Decanter。

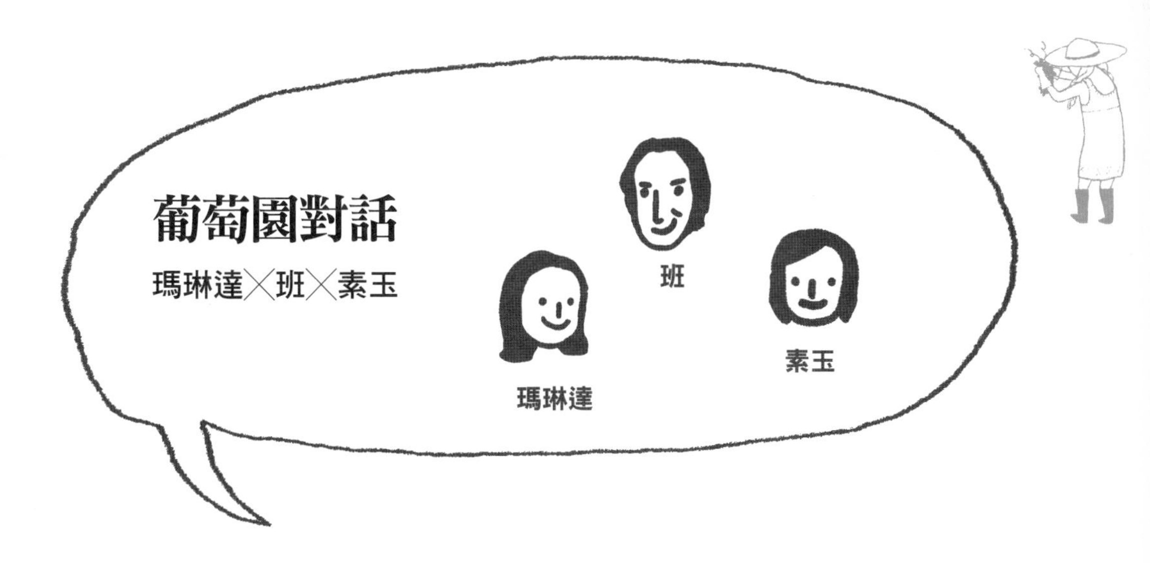

瑪琳達：「喔喔～酒好像變質了唷！要怎麼辨識酒是否已經變質？」

班：「最直接簡單的方法就是喝囉！若酒已嚴重變質，那麼酒會帶有氧化或腐蛋味道，一般人都不難察覺得出，不過若能在淺嘗前即知，則需有『眼觀四面、鼻聞八方』的功夫才行。首先，在未開瓶之前，先看封口的錫箔紙蓋cap是否正常完好，沒有黏液或滲水造成破損，若有則代表儲存葡萄酒的控溫出差錯。另外，觀察錫箔紙及軟木塞是否膨脹凸起，若有則表示酒瓶可能遭受高溫破壞，酒在瓶內繼續發酵，而酒色若異於尋常，如原該紅色的紅酒變成橙橘色的話，小心可能出現問題了；若軟木塞或酒外觀不見有異，但聞起來卻有「怪味」（有時味道淡到僅嗅覺靈敏的專家或天才方能聞出），代表酒有輕微變質氧化，所以專業的餐廳侍酒師開瓶後都會先聞一下軟木塞確認。」

瑪琳達：「我注意到許多葡萄酒瓶底都有凹洞，為什麼？」

班：「其實沒有什麼特殊的原因，有可能的是擔心酒中難免會有沉澱物，當酒直立時，凹洞可以讓沉澱物堆積於下，便於換瓶去除雜質。然而，現今去除雜質的技術已然發達，酒中沉澱物並不多見，而如酒石類結晶物也對身體無害，並不需要刻意換瓶，如今所見的酒瓶底仍有凹洞，我想應是遵循傳統（或可說是為了造型，還有不少人誤認為有凹洞的酒代表品質好的酒）大於實質意義吧！而你注意到了嗎？亞爾薩斯酒瓶就沒有凹洞。」

素玉：「酒在陳放時一定要橫著放，是為了什麼？有何特殊作用嗎？」

班：「這跟軟木塞息息相關，因為如果直立放，軟木塞與酒液之間就會有空隙，長久下來，軟木塞會因沒有酒液浸潤而乾燥萎縮，瓶口就會出現肉眼看不到的縫隙，讓空氣進入瓶中，使酒變質腐壞；反之，橫放可以讓酒液浸潤軟木塞，可保持軟木塞的飽和度（許多陳年紅酒的軟木塞，因經年累月被浸潤，上端會染上紅色）。」

素玉：「為何香檳和氣泡酒，多數都不標示年份?」

班：「對於靜態葡萄酒來說，年份是重要指標，不過對於氣泡酒來說，除了年份酒（Millésimé）之外，不會特別標示年份，原來為了讓每年品質穩定不變，酒迷喝到的香檳或氣泡酒都沒有什麼差別。基本上，酒農們會混和近兩到三年的年份酒來釀製，僅有在特殊的佳釀年份，若拿來混釀未免可惜，於是酒農會單獨釀製成年份酒，故會特別標示年份，而年份酒在瓶內熟成時間至少需要5年，且非年年可有，價格自然比一般非年份香檳或氣泡酒來得高。另外，想要解讀香檳及氣泡酒的酒標，還得認識一些專用字眼，如最常見的BRUT，代表每公升含0～15公克糖份。」

瑪琳達：「香檳或氣泡酒上若標示有Magnum，代表為150毫升的巨瓶，比一般容量足足大兩倍，最常見於F1或其他運動頒獎典禮時拿來噴灑慶祝的，在法國，許多民眾也喜歡於跨年之夜買上一瓶Magnum慶祝狂歡。」

素玉：「酒杯握法也是一門學問，從握酒杯姿勢也可以看出對方懂不懂酒？」

班：「的確，持酒杯方式為葡萄酒入門的基本功夫，一般說來，和喝茶或咖啡不同，手握杯身為大忌，因為手溫會藉由杯身來導熱，進而影響酒溫及葡萄酒品質，正確方式為手握杯腳底處，這也是為何酒杯的杯腳都很細長，就是預留空間給手握杯之用，」

瑪琳達：「當然你也可以耍帥，學學專家，以大拇指在上、食指在下方式握住杯座，然後輕搖酒杯，看起來是不是變得更「專業」了！」

素玉：「我們一般都認為紅酒因單寧艱澀需要醒、使其柔化，白酒則因為單寧成份較少，要喝它的新鮮及清新果香，適合開瓶即飲用，是真的白酒就不需要醒嗎？」

班：「你問到了重點！對多數白酒來說或許不需要醒，不過像是酸味高的莉絲琳和酒體較閉鎖的古烏茲塔明娜來說，醒過酒後，口感比較順，香氣也都綻放了出來唷！」

瑪琳達：「我聽說有因白酒因較不經陳放，有些酒農會添加較多的二氧化硫，藉以保存較久。陳放一陣時間的白酒，開瓶後難免會有二氧化硫味，故更需要換瓶來消除異味，是這樣嗎？」

班：「這對於其他地區白酒或許是，不過亞爾薩斯白酒因酸度較高，較易保存，加上不做瓶內第二次發酵，也就是把酒中較粗糙的蘋果酸（Malic Acid），轉化為柔和的乳酸（Lactic Acid）和二氧化碳，因此幾乎不會有什麼怪味，不需要特別換瓶。」

Lifestyle022

跟著酒莊主人品酒趣

—— 從深入酒鄉亞爾薩斯認識葡萄開始，
到選擇最適合自己的一瓶酒

作者	瑪琳達&黃素玉
攝影	瑪琳達、江建勳
美術編輯	潘純靈
文字編輯	劉曉甄
總編輯	莫少閒
出版者	朱雀文化事業有限公司
地址	台北市基隆路二段13-1號3樓
電話	（02）2345-3868
傳真	（02）2345-3828
劃撥帳號	19234566 朱雀文化事業有限公司
e-mail	redbook@ms26.hinet.net
網址	redbook.com.tw
總經銷	成陽出版股份有限公司
ISBN	978-986-6780-74-5
初版一刷	2010.08
定價	360元

感謝協助拍攝：大同亞瑟頓、五號酒館、心世紀、亞舍廚藝雅集、長榮桂冠酒坊、法國食品協會、法蘭絲、星坊、威廉酒工坊（三重奏Trio）、夏朵、尋俠堂、孔雀酒坊（Jeff Tseng）、圓頂市集、雅得蕊、誠品酒窖、橡木桶、Trattoria di primo 義大利餐廳

出版登記 北市業字第1403號

國家圖書館出版品預行編目資料

跟著酒莊主人品酒趣
—— 從深入酒鄉亞爾薩斯認識葡萄開始，
到選擇最適合自己的一瓶酒

瑪琳達、黃素玉 文
--初版一台北市：朱雀文化，2010.08
面；公分--(Lifestyle ; 22)
ISBN 978-986-6780-74-5(平裝)
1葡萄酒 2.品酒
463.814　　99013263

About買書

● 朱雀文化圖書在北中南各書店及誠品、金石堂、何嘉仁等連鎖書店均有販售，如欲購買本公司圖書，建議你直接詢問書店店員。如果書店已售完，請撥本公司經銷商北中南區服務專線洽詢。北區（03）271-7085、中區（04）2291-4115和南區（07）349-7445。

●● 至朱雀文化網站購書（http:// redbook.com.tw）。

●●● 至郵局劃撥（戶名：朱雀文化事業有限公司，帳號：19234566），掛號寄書不加郵資，4本以下無折扣，5～9本95折，10本以上9折優惠。

●●●● 親自至朱雀文化買書可享9折優惠。